经典译丛·网络空间安全

数据外包中的隐私保护

Preserving Privacy in Data Outsourcing

[意] Sara Foresti 著

唐春明　姚正安　盛刚　译

電子工業出版社
Publishing House of Electronics Industry
北京·BEIJING

内容简介

本书主要研究云计算环境中数据外包时的隐私性保护，讨论关于安全数据外包的研究现状，总结数据外包情况下的查询计算机制、隐私性保护和数据完整性。本书假设服务器是诚实但好奇的（即半诚实的），设计了一个访问控制系统，为数据外包中的访问控制机制更新提出了有效策略。为了保证解的安全性，该书也考虑了不同服务器的合谋风险。在数据完整性方面，提供了一个约束模型并设计了查询分布式数据的机制。

本书可作为高等院校网络信息相关专业研究生的教材或教学参考书，也可供数据外包和云计算研究领域的相关技术人员作为参考书使用。

Translation from the English language edition:
Preserving Privacy in Data Outsourcing by Sara Foresti
Copyright © SPRINGER Science+Business Media, LLC 2011
All Rights Reserved.

本书简体中文专有翻译出版权由 Springer Science+Business Media 授予电子工业出版社。专有出版权受法律保护。

版权贸易合同登记号　图字：01-2014-5137

图书在版编目（CIP）数据

数据外包中的隐私保护/（意）萨拉·福雷斯蒂（Sara Foresti）著；唐春明等译. —北京：电子工业出版社，2018.1
（经典译丛·网络空间安全）
书名原文：Preserving Privacy in Data Outsourcing
ISBN 978-7-121-33561-7

Ⅰ. ①数… Ⅱ. ①萨…②唐… Ⅲ. ①计算机网络-安全技术-研究　Ⅳ. ①TP393.08
中国版本图书馆 CIP 数据核字（2018）第 018036 号

策划编辑：马　岚
责任编辑：葛卉婷
印　　刷：三河市鑫金马印装有限公司
装　　订：三河市鑫金马印装有限公司
出版发行：电子工业出版社
　　　　　北京市海淀区万寿路 173 信箱　　邮编：100036
开　　本：787×1092　1/16　印张：12.75　字数：245 千字
版　　次：2018 年 1 月第 1 版
印　　次：2018 年 10 月第 2 次印刷
定　　价：49.00 元

凡所购买电子工业出版社图书有缺损问题，请向购买书店调换。若书店售缺，请与本社发行部联系，联系及邮购电话：（010）88254888，88258888。
质量投诉请发邮件至 zlts@phei.com.cn，盗版侵权举报请发邮件至 dbqq@phei.com.cn。
本书咨询联系方式：classic-series-info@phei.com.cn。

译者序[1]

在信息技术快速发展的今天，许多企业、机构或个人需要管理大规模的数据，需要付出高昂的人力、物力进行有效管理。云计算技术或大数据平台拥有非常丰富的资源用于数据存储和计算，能够为用户提供高效的数据管理服务，从而将企业、机构或个人从繁重的数据管理任务中解脱出来，专注于其核心业务。

然而，如果将数据存储在云计算或大数据平台的服务器上，企业、机构或个人由于失去了对数据的直接物理控制，引发了许多安全问题，如数据隐私泄露、结果正确性验证等。为了使用户能够安心地使用云计算或大数据平台提供的服务，就需要解决这些问题。

本书为作者的博士论文的扩展，对关系型数据外包中的几个安全问题进行了深入的研究，主要内容包括：

第一，提出了一个方法合并权限和加密，并将数据与访问控制外包。当指定一策略时，数据所有者无须参与该策略的执行。

第二，提出了一个结合分裂和加密的方法来有效地执行数据集合上的隐私性约束，特别关注了查询的执行效率。

第三，提出一个简单但有效的方法来描述权限和实施权限，用于在分布式计算的各数据持有者之间控制数据的泄露，以确保查询执行过程只泄露被明确授权可公开的数据。

本书由唐春明、姚正安和盛刚翻译并审校，参与本书整理工作的还有来自广州大学信息安全技术省重点实验室的博士生任燕、胡杏、陈月乃和硕士生张晓军等。在此，向所有为本书出版提供帮助的人士表示诚挚的谢意！

由于译者水平有限，书中翻译不妥之处，敬请广大读者和专家同行批评指正。

---

[1]本书符号的正斜体与原书保持一致。　　　　　　　　　　　　　　——译者注

序

今天，数据外包作为一个成功案例出现，它允许组织和用户利用外部服务对资源进行分配。事实上，组织机构发现借助于外部服务器来管理 IT 服务和数据，从而专注于他们内部的主要核心业务，这样做更安全、更实惠。同样，用户正越来越多地借助于外部服务来储存和分配用户生成的内容，大量提供这种服务的YouTube，MySpace和Flickr所获得的成功就说明了这个事实。

在这种新的外包和储存/分布情形下，对用户来说，保证数据的适度安全性和隐私性是最重要的。然而，由于提供数据存储和访问服务的服务器不是完全可信的，这导致问题变得特别复杂。外包的数据通常包含敏感的信息，而这些敏感信息的发布应当受到严格的控制，甚至不允许被外部服务器访问。为了应对这个问题，现有的数据外包方案通常假设数据以加密的形式外包，同时附加数据的额外索引信息。这些额外信息允许对加密数据本身进行查询操作，从而避免了在查询计算中需要外部服务器对加密数据的解密。然而，这样的外包仅仅提供了一个基本的保护层，对外包数据中隐私保护的有效性、高效性、灵活性并没有提供一个完备的应对，许多挑战仍然有待解决。

首先，许多情况下对外包数据的访问具有选择性。我们怎么确保用户对外包数据的不同意见？除了数据，我们还能将管理和执行的授权外包给外部服务器吗？如果加密取决于授权，那么当授权改变时，我们如何避免需要重新上传资源的新版本？

其次，当加密和解密在计算上可行时，查询加密数据的代价不可避免地越来越昂贵，并且可能仅适用于有限类型的查询。此外，当敏感的信息不仅是数据本身，还包含数据之间的关联时，加密可能代表着一种过度保护。那么，我们可以离开加密，比如分割数据以打破敏感关联吗？数据如何分割？我们需要对在物理分片以及在服务器上的存储做什么样的假设？如何在碎片数据上执行查询工作？

第三，在某些情况下，可能还需要在存储数据的服务器上执行分布式查询，存储在不同的服务器因此需要在各服务器之间对查询计算进行协作和信息共享。我们怎么建立授权调节服务器之间的信息共享？在查询计算中，我们怎么衡量由派生关系所携带的信息？我们怎么定义和执行一个允许执行协同查询和执行不同的授权的查询计划？

本书所涉及的上述三个方面说明了该领域的研究状况，分析了所要解决的问题。本书探究了不同的方向并对它们的解决方案提出了可行的办法，也对某些开放性问题提出了意见和见解。本书代表着对安全和隐私方面感兴趣的学者和研究人员的宝贵灵感来源，特别是数据外包的情况，为他们所要考虑的不同问题提供一个良好的概述和分析，并给他们提供了解决办法。本书提供了一个完美的问题调查方法和醒目的开放性问题，还是今后研究的灵感源泉。

Pierangela Samarati

前言

随着个人信息大集合的可用性以及支持数据密集型服务的数据存储设备的日益普及，认为服务提供商将会被越来越多地要求对存储、高效以及信息的可靠传播等负责的观点得到了支持，从而实现"数据外包"架构。在数据外包架构中，数据和前端应用程序一起储存在完全负责其管理的外部服务器的网站上。在外部服务器发布数据会提高服务的可用性，减少数据拥有者管理数据的负担，同时数据外包引进了新的隐私和安全担忧，因为存储数据的服务器可能是诚实但好奇的。一个诚实但好奇的服务器会诚实地管理数据，但可能会因读取它们的内容而不被数据拥有者所信任。为了确保充分的隐私保护，一个传统的方法是加密外包的数据，这样可以防止外部攻击以及从服务器本身的侵入。然而，这种传统的解决方法的缺点是降低了查询执行效率和防止选择性信息的发布。于是，这就引进了为外包数据访问控制和隐私限制的定义和执行制定新的模式和方法，同时确保有效的查询执行的必要性。

在本书中，我们提出了一个详尽的方法来保护那些储存于不在数据所有者控制之下的系统中的敏感信息。在设计一个系统以确保被诚实但好奇的服务器存储和管理的数据的保密性时，主要考虑三个安全方面的要求。第一个要求是访问控制的执行，以限制授权用户访问系统资源的能力。在传统意义上，由一个可信的数据管理系统模块负责执行访问控制策略。在此所考虑的情况下，服务提供商在执行访问控制策略上是不可信的，并且数据所有者也不愿去调解访问请求来过滤查询结果。因此，我们提出了一个新的访问控制系统，该系统基于选择性加密，这样该策略的执行不需要系统中存在可信模块。第二个要求是隐私保护，以限制非授权用户对存储/公布的数据的可视性，同时最大限度地减少使用加密方法。数据收集通常包含一些能够识别出个人的信息，它们在存储和传播给其他方时需要保护。例如，医疗数据不能和患者的身份信息一起存储或公开。为了确保隐私保护以及限制加密的使用，在本书中我们第一次提出一个解决办法，即通过保密性限制，用简单而强有力的方式来模拟隐私要求，隐私被定义为必须限制数据联合可见度的数据集。然后我们提出了一个执行保密性限制的机制，它基于碎片和加密技术的结合使用：碎片打破的关联将只对那些被授权、只有自己知道关联的用户可见。第三个要求是安全数据整合，以限制授权用户为了分布式查询评估而交换数据的能力。事实上，通常需要储存用户个人信息的不同信息源合作以达到一个共同的目标。然而，这样的数据整合和共享可能受保密性限制，因为不同的参与方会被允许访问数据的不同部分。因此，我们提出了一个模型来方便表达数据交换的限制以及一个在分布式查询评估过程中执行的机制。

在本书中，为了在外包数据中执行访问控制，我们通过定义一个模型和一个机制，通过引进一个执行隐私限制的分割和加密方法，以及通过设计来调节不同参与方之间的数据流的技术，来解决这三个关于安全方面的要求。主要的贡献可概述如下。

- 关于外包数据的访问控制执行，原创成果有：联合使用选择性加密与密钥派生策略以应对访问控制的执行；在密钥派生方面引进一个加密策略的极小性概念来正确执行访问控制策略而不降低它的有效性；开发了一个在多项式时间内计算最小的加密策略的启发式方法；引进了一个两层加密模型来管理策略更新。

- 关于执行隐私保护的模型的定义，原创成果有：定义了保密性限制，这对模拟隐私要求来说是一个简单却完整的方法；引进最小化碎片的概念，可以捕获一个碎片的性质来满足保密性限制，同时最大限度减少碎片数量；开发了一个有效计算最小化碎片的方法，这是一个NP困难问题；引进三个局部最优的概念，该概念基于构成解决办法的碎片的结构，基于碎片中的属性的亲和力以及一个查询评估成本的模型；提出了三个不同的计算碎片方法以满足关于最优性的三个定义。

- 关于安全数据整合机制的设计，原创成果有：权限的定义对数据交换限制建模来说是一个简单但完整的方法；对权限和查询的建模通过基于图的模型的关系分布及其表示；引进了一个在多项式时间内对工作权限的组成的方法；定义了一个考虑数据交换限制同时设计一个查询执行计划的方法。

Sara Foresti

致 谢

这本书是我的博士学位论文发表的结果。我想借此机会对那些使我的博士学位论文工作得以实现的人表达我真挚的谢意。我很抱歉，在这之前，不能用言语来表达我对所有这些人的感激之情。

首先，我要感谢我的指导老师，Pierangela Samarati，她一直在专门指导我。在这五年中，她向我介绍了她所做的科研工作以及对它的喜爱之情，这感染和激励了我。很感谢她给了我许多机会，感谢她一直以来的支持、指导和建议。所有我所知道的关于安全和隐私都是从她那里学的，没有她，这本书根本写不出来。成为她的博士生是我的荣幸，她给了我和她一起工作的可能，这不仅仅是荣誉，更是我的乐趣所在。

还要特别感谢我的合作导师，Sabrina De Capitani di Vimercati，因为当我需要建议时，无论是技术方面还是其他方面，她总能及时出现，她也一直在听以及回答我的所有（笨的）问题，她的耐心以及帮助使我从不同的角度看待事物。

我尤其还要感谢Sushil Jajodia，他第一个设想把我的博士学位论文作为一本书出版的可能性，而且也是他使得这成为可能。我还要感谢他给了我机会去访问美国弗吉尼亚州的乔治·梅森大学的安全信息系统中心。我非常感谢他的支持以及提供了一个刺激愉快的工作氛围。

本书中已取得的大部分列举的结论要归功于与 Valentina Ciriani，Sabrina De Capitani di Vimercati，Sushil Jajodia，Stefano Paraboschi 和 Pierangela Samarati 等值得我感激的人的合作及许多有意义的讨论。我想向他们表示感谢，不仅是因为他们在我这本书不同部分的学习中给予的支持与帮助（因此在不同章节中分别表示感谢），而且因为给我机会向她们学习以及学习她们的经验。

我还要特别感谢 Vijay Atluri 教授，Carlo Blundo 教授，Sushil Jajodia 教授，Javier Lopez 教授，谢谢他们的宝贵意见，帮助改进本书的工作。

同时还要感谢 Susan Lagerstrom-Fife，感谢她在本书出版前期的指导，同时还有 Jennifer Maurer。她们在我准备手稿时的支持是我完成工作的基本。

最后,但并非不重要,我还要感谢我的家人。用尽这书的所有纸都不足以表达我对他们的感激:他们的教导、支持以及她们的爱,曾经是而且将来也将一直都是我的一个基本参考点。要特别感谢的是Eros,当我需要的时候他一直都在,谢谢他的支持和耐心。

目录

1 引言   1
    1.1 目的 1
    1.2 本书的贡献 3
       1.2.1 访问控制执行 3
       1.2.2 隐私保护 5
       1.2.3 数据安全整合 5
    1.3 本书的组织结构 6

2 最新研究回顾   8
    2.1 简介 8
       2.1.1 本章大纲 9
    2.2 基本方案和数据组织 9
       2.2.1 参与各方 10
       2.2.2 数据组织 11
       2.2.3 相互作用 12
    2.3 加密数据查询 13
       2.3.1 桶算法 14
       2.3.2 基于哈希（hash）的方法 15
       2.3.3 B+树方法 16
       2.3.4 保序加密方法 18
       2.3.5 其他方法 19
    2.4 推理泄漏评估 20
    2.5 外包数据的完整性 22
    2.6 数据库的隐私保护 24

2.7		外包情形下的访问控制执行	25
2.8		安全数据集成	27
2.9		小结	28

3 执行访问控制的选择性加密   29

3.1		引言	29
	3.1.1	章节概要	31
3.2		关系模型	31
	3.2.1	基本概念和符号	32
3.3		访问控制与加密策略	33
	3.3.1	访问控制策略	33
	3.3.2	加密策略	34
	3.3.3	令牌管理	37
3.4		最小加密策略	40
	3.4.1	顶点和边的选取	44
	3.4.2	顶点的分解	46
3.5		$\mathscr{A2E}$ 算法	46
	3.5.1	正确性和复杂度	54
3.6		策略更新	58
	3.6.1	授权与撤销	59
	3.6.2	正确性	65
3.7		策略外包的双层加密	67
	3.7.1	双层加密	67
3.8	双层加密中的策略更新		71
	3.8.1	过度加密	72
	3.8.2	授权与撤销	72
	3.8.3	正确性	76
3.9		保护计算	79
	3.9.1	暴露风险：Full_SEL	80
	3.9.2	暴露风险：Delta_SEL	81
	3.9.3	设计要素	83

   3.10 实验结果 83

   3.11 小结 86

4 结合分裂与加密以保护数据秘密   87

   4.1 引言 87

       4.1.1 本章概述 89

   4.2 机密性限制 90

   4.3 分裂与加密满足限制 91

   4.4 极小分裂 94

       4.4.1 正确性 94

       4.4.2 最大化可见度 95

       4.4.3 最小化碎片 95

       4.4.4 分裂格 96

   4.5 一个完备的最小分裂搜索方法 98

       4.5.1 计算最小分裂 100

       4.5.2 正确性和复杂度 103

   4.6 最小化分裂的一个启发式方法 104

       4.6.1 计算向量最小分裂 105

       4.6.2 正确性与复杂度 107

   4.7 将属性亲和力考虑进去 110

   4.8 最大化亲和力的一个启发式方法 112

       4.8.1 用亲和力矩阵计算向量最小分裂 113

       4.8.2 正确性与复杂度 116

   4.9 查询代价模型 118

   4.10 最小化查询代价的一个启发式方法 122

       4.10.1 用代价函数计算一个向量最小分裂 123

       4.10.2 正确性和复杂度 127

   4.11 查询执行 128

   4.12 索引 131

   4.13 实验结果 135

   4.14 小结 137

5 安全的复合权限下的分布式查询处理   **139**

5.1 引言 139
5.1.1 本章概述 141
5.2 预备知识 141
5.2.1 数据模型 141
5.2.2 分布式查询执行 143
5.3 安全性模型 145
5.3.1 权限 145
5.3.2 关系文件 147
5.4 基于图的模型 148
5.5 授权的视图 152
5.5.1 授权权限 152
5.5.2 权限的组合 154
5.5.3 算法 159
5.6 安全查询规划 164
5.6.1 第三方介入 166
5.7 建立安全的查询规划 169
5.8 小结 177

6 结束语   **179**

6.1 总结贡献 179
6.2 未来工作 180
6.2.1 访问控制执行 180
6.2.2 隐私保护 181
6.2.3 安全数据整合 181

第1章 引 言

由私人公司和公共组织机构储存、处理以及交换的数据的数量正在急剧增加。结果是，如今的用户诉诸于服务提供商来传播和共享他们希望对他人有用的资源的频率一直在增加。因此，对侵犯个人隐私的保护正成为最重要的问题之一，它必须在这样一个开放、合作的背景下加以解决。在本书中，我们定义了一个全面的当信息存储于不在数据所有者的直接控制之下的系统中时保护敏感信息的方法。在本章的其余部分，我们给出了本书的动机和一些概述。

1.1 目的

存储、处理以及技术交流的快速进化正在改变着由私人公司和公共组织机构所采用的传统的信息系统架构。这个改变是必要的，主要有两个原因：首先，由于正在增长的存储能力和现代化设备的计算能力使得组织机构所保持的信息量增长得非常快；其次，由组织收集的数据包含着敏感信息（如身份识别信息、金融数据、健康诊断信息等），这些信息的保密性必须得到维护。

无论是对攻击系统的外部用户还是恶意的内部人员，存储和管理这些数据集的系统都应当是安全的。然而，为了保证敏感数据的保密性，一个安全系统的设计、实现和管理的成本是非常昂贵的。这是由于在敏感数据的大集合的内部管理和存储费用的增加，因为它需要存储能力和熟练的管理人员。最近，数据外包和传播服务得到可观的增长，并且会成为未来网络的一个共同组件，这已由提供存储和配送服务且越来越成功的网络公司所证明（如MySpace，Flickr和YouTube）。该趋势的主要结果是公司将他们的数据储存在诚实但好奇的外部服务器中，公司依赖它们确保数据的可用性以及对所存储的数据执行基本的安全控制。然而，尽管这些外部系统在使得公布的信息的有用性方面是可信的，但是，在访问内容以及充分执行服务控制策略和隐私保护要求方面，却是不可信的。

很明显，用户以及公司在使用传播服务时将发现一个有趣的机会，对用户隐私保护提供有力的保证，以防那些恶意的用户想攻入系统以及服务提供商本身。事实上，除了众所周知的保密性和隐私泄漏的风险，还包括收集的信息的不当使用威胁着外包数据。服务提供商可以使用大部分由数据所有者收集和组织的数据集，这可能潜在地损害数据所有者的由其产品和服务组成的市场。

当设计一个系统来确保一个诚实但好奇的服务器储存和管理的数据的保密性时，主要有三个安全方面需要考虑，简要概述如下。

- 访问控制执行。传统架构分配一个关键的角色给参考监视器[7]来进行访问控制执行。参考监视器是负责对访问要求验证的系统组件。然而，本书所考虑的情况挑战着传统架构的一个基本原则，即由一个可信的服务器负责定义和执行访问控制策略。这个假设在这里不再成立，因为服务器甚至不知道由数据所有者所定义的访问（以及可能被修改）。因此我们需要重新思考在开放环境中的访问控制的概念，其中诚实但好奇的服务器负责管理数据收集，而在数据保密性上却不被信任。

- 隐私保护。由组织收集和维护的大量数据通常包括敏感的个人识别信息。这个趋势已引起个人和立法机构的关注，这迫使组织在信息存储、处理和与他人共享数据时对敏感信息提供隐私保护。事实上，最近的法规[22,78]明确地要求敏感信息应当加密或者与其他个人识别信息分开以确保其保密性。加密使得对存储数据的访问变得低效，因为它不可能直接在加密数据上执行查询，因此有必要去定义新的解决办法来保证数据的保密性和有效的查询执行。

- 安全数据整合。越来越多新的场景需要不同的参与方合作来共享他们的信息，他们每一个都拥有大量可独立管理的数据。因为每方拥有的数据集都包含敏感信息，不能再使用传统的分布式查询评估机制[23,64]。因此，我们需要一个调节各方之间数据流以及重新定义查询评估机制的方法来实现各参与方要求的访问控制限制。事实上，在各合作方之间的数据流可能会因为隐私限制而被禁止，因此使得查询执行的设计必须遵循高效原则和隐私限制。

现实生活中有许多这种应用需要一种机制，通过一种选择性和安全的方式来交换和披露数据的例子。在这我们列出三种可能的情况。

多媒体共享系统。 人们每天收集的多媒体数据的量正在快速地增加。结果是，为图像和视频提供存储和分配服务的系统正变得越来越流行。然而，这些数据可能是敏感的（如图像可以缩小人的大小），如果没有得到数据所有者的明确的授权，那么它们在因特网的广泛传播应当受到阻止。由于考虑到数据保密性，分配服务可能是不受信任的，它不能执行由数据所有者定义的访问控制策略。因此，有必要去思考阻止敏感数据公开的另一种解决方案。

医疗系统。 越来越多的医疗系统收集关于过去的和现在的住院治疗、诊断以及更多关于病人的一般健康状况等敏感信息。这些数据关联着病人的身份信息，因此是敏感信息。它们的存储、管理及分配都受制于包括国家级和国际的规则。因此，任何医疗系统都应采用一个充分的隐私保护系统，以保证敏感信息永远不会和病人的身份信息储存在一起。

目前，医疗系统的功用已经被扩展，这是由于网络通信技术的演变和广泛传播，允许了各合作方之间的数据交换，如医务人员、药店、保险公司和病人自己本身。虽然这种解决办法提高了提供给患者的服务质量，但是它仍需要小心设计来避免非授权的数据泄漏。因此，很有必要去设计一个数据整合协议来保证数据的保密性。

金融系统。 金融系统储存着需要去充分保护的敏感信息。例如，公司收集的用于信用卡支付的数据是敏感的，无论在存储或管理时都需要保护（如信用卡账号以及相应的安全密码不能存储在一起），这是法律所要求的。此外，由于在线交易的广泛传播，需要系统去管理和保护的金融数据的数量正在急剧增加。与医疗系统一样，为了管理独立的数据收集，金融系统也仍需要和其他方合作，如政府办公室、信用卡公司和客户。

从以上描述可以明显看到，为医疗系统设想的安全问题同样适用于金融系统，在数据存储和数据交换方面都需要相同的解决办法和技术来保证数据的保密性。

1.2 本书的贡献

本书提供了当数据所有者把数据给一诚实但好奇的服务器管理或存储，且数据所有者不直接控制他们的数据时所日益突出的问题的分析。本书的贡献集中在前面所提到的关于安全的三个方面，即访问控制执行、隐私保护和数据安全整合。在本节的其余部分，我们将从更多细节来说明。

1.2.1 访问控制执行

本书的第一个重要贡献是提出对加密的外包数据的访问控制执行[15,41,44]。我们工作的贡献概述如下。

选择性加密。 访问控制系统保护着由诚实但好奇的系统所储存的数据,不能仅依靠一个评估客户要求的可信任组件(即参考监视器),因为数据所有者不能作为数据访问的媒介,访问控制策略应该嵌入到存储的数据本身中去。起初的方法试图克服这个问题,提出用一个新颖的访问控制的模型和结构,可以消除对参考监视器的需求性以及依靠加密技术来确保储存在服务器的数据的保密性。新方法提出将授权策略和加密结合,因此允许一起委派访问控制执行数据。其最大的优势是在制定策略时,数据所有者不需要参与执行。本书中所示的服务控制策略利用相同的思想:数据的不同部分使用不同的密钥加密,而密钥会根据用户的访问权限分配给他们。本书提出的模式和之前的那些不同,因为它是利用密钥推导法[8,31]来限制密钥的数量,而这些密钥需要用户和数据所有者自己安全管理。密钥推导法允许从一个密钥通过利用公开可用的信息推导出另一个密钥。这种方法允许我们减少用户和数据所有者为防止第三方所必须保护的敏感信息的数量。

数据的有效访问。 因为密钥推导需要在公开可用信息目录下的搜索过程和一个评价函数,所以在顾客看来密钥推导过程可能变得昂贵。实际上,公共目录是存储在提供商的网站上的,而且任何的搜索操作意味着在顾客和服务器之间的一种交流。为了限制因密钥推导过程带来的负担,我们在本书中提出一个尝试最小化公共目录的大小的方法。因为这种最小化问题是NP困难问题,我们提出了一个启发式的在实验中已取得较好结果的解决办法。

策略更新。 因为访问控制执行是基于选择性加密的,无论何时当策略改变时,数据所有者都有必要去重新加密数据来应对新的策略。然而,从数据所有者的角度看,重加密是昂贵的,因为它需要与远程服务器相互交互。为了减轻数据交换过程的负担,我们提出了一个两层的加密模式,其中内层是由数据所有者施加的用于提供初始保护,外层是由服务器提出的用于应对策略修改。这种两层组合提供了一个高效和稳健的办法,它可以避免数据重加密同时正确地管理策略更新。

串通模式。 当设计一个安全的系统时,一个重要方面必须始终考虑到,即它的安全度。为此目的,我们分析两层模式在所考虑的情况中,交互的各方串通的风险时的安全性。特别地,我们考虑了这种情况,当服务器知道了在外层所采用的加密密钥,并且用户知道了在内层所采用的密钥的一个子集,则两者串通去获取信息,而他们中没有一人得到访问授权。根据这个分析,很明显地知道,提出的模式引进了一种低的串通风险,这可以进一步地减少低效率查询评估过程的成本。

1.2.2 隐私保护

我们在本书中的第二个贡献是提出了一个很好地将碎片和加密结合的以保护隐私为目的的系统[27~29]。我们的基本工作可以概述如下。

保密性限制。 如今数据的发布、存储和管理都遵守时下的一些规则，这些规则或由立法委或由数据所有者施加，旨在维护敏感信息的隐私。并不是集合中所有数据本身都是敏感的，但是它们和其他信息的关联却可能需要保护。加密所有数据的方法可能过度了。因此，最近有人提出了将分裂和加密结合的方法[2]。在本书中，我们提出了一个简单但有力的模式来代表隐私要求，称为保密性限制，它利用分裂和加密来执行这样的限制。保密性限制是一组数据联合能见度应被保护的属性，一个单一的限制说明单一属性的值应当保密。这个模式，虽然简单，却很好地捕获了在数据集中需要执行的不同的隐私要求（如敏感数据和敏感关联）。

极小性。 本书所提出的方法的主要目标是尽量减少隐私保护中加密的使用。一个解决保密性限制的基本方法包括为每种属性创造一个片段，这个属性不需出现在一个单一的限制中。显然这样一个解决方案并不是所期待的，除非是由限制所要求的，因为它使查询评估变得低效。事实上，由于碎片不能由非授权用户加入，提出查询的客户将负责组合从不同片段提取的数据。为了避免这种情况，我们提出了三种不同模式来设计碎片，并给予隐私保护，使查询评估效率最大化。这三种方法与之前提出的有效性措施不同（即碎片数量、属性间的密切关系、查询工作量）。

查询评估。 数据碎片通常对终端用户来说是透明的，即查询是在最初计划上制定的，然后又在碎片上重新制定操作。正如已经指出的，因为加密和碎片降低了数据恢复的效率，我们建议增加索引片段。索引是定义在属性上的，它不以明文的形式出现在碎片上，而且因为索引可能为推导和链接攻击打开方便之门，因此我们要小心地分析因为不同的索引方法而暴露的风险，并且要考虑一个可能是恶意的用户的外部知识。

1.2.3 数据安全整合

第三个即最后一个贡献是，提出了一个从不同数据源而来的数据的整合办法，它必须遵守保密性限制[42,43]。我们的工作可概述如下。

访问控制模式。 我们提出了一个简单但功能强大，在分布式计算中数据持有人之间的合作中,规范数据发布的规范和执行权限的方法,以确保查询处理只公开那些已经明确授权发布的数据。该模式基于配置文件的概念,它很好地模拟了查询结果携带的信息和被授权发布的信息。当在数据发布是由请求目标权限同意时,为了更容易地评估,我们提出了一个基于图形的模式。配置文件则由充分着色的图形表示。如果一个查询必须否定或者同意是基于图形中顶点和边的颜色的比较,那么控制过程代表了系统中的查询和权限。

权限组成。 需要整合的数据的量是相当大的,为此,不可能对单个权限检查查询,因为被明确定义的权限的数量增加得很快。我们介绍了一个原则,即如果信息的发布(直接的或间接的)是权限所允许的,那么查询也必须允许。换句话说,如果主体制定的查询通过组合它所同意访问的信息而有能力计算出它的结果,那么该查询应当允许。为了执行这个基本的原则,我们提出了一个权限组成理论。它是基于图表中的可存取性,代表这个配置文件的权限。我们提出的这个组合理论在多项式时间内有很大的工作优势,即使可能组成权限的数量是基本权限数量的指数级。我们在本书中已证过,这是由于有一个好的、处于支配地位的属性是在组成权限和它们的组件之间。

安全数据计划。 除了定义和组成权限,有必要去评估一个查询操作在分布式场景中是否被执行(即数据是安全的),或者查询是否必须拒绝。为此目的,我们描绘交互主体之间的数据流来评估给出的查询。还要考虑在不同的数据流之间的执行连接操作的不同方法。因此,如果查询所需要的用于评估的所有数据流,是由一组描述系统的权限所允许的,那么该查询是安全的。我们提出了一个算法,如果查询可以被评估而且没有违反调节分布式系统的权限;如果查询可以被安全地执行,那么我们提出的算法决定哪个服务器负责执行哪个操作。

1.3 本书的组织结构

在本章,我们讨论了工作动机和主要目标,以及描述了本书的主要贡献。本书其他章节的结构如下。

第2章讨论了和本书目标有关的关于安全方面的研究现状。它介绍了在数据外包下获得的主要结果,关注于查询评估机制,推测暴露的程度,以及数据的完整性。而且,还介绍了在访问控制执行、隐私保护和数据完整性方面的初步工作。

第3章说明了我们为了确保储存在诚实但好奇的服务器的数据的安全的访问控

制系统，提出了一个高效的管理访问控制策略更新的机制。 参与方相互串通的风险仍然需要分析以证明所提出的解决方案的安全性。

第4章解决了建模和执行隐私要求的问题以保护敏感数据或/和它们的关联。还介绍了三种费用模型来计算最佳分割，即一个允许高效查询评估的碎片。

第5章专注于从不同参与方而来的可用的数据的整合问题。 提出了一个模型来表达各方之间的数据流量限制，以及一个查询在这些限制之下的分布式数据集的机制。

第6章总结本书的贡献以及对未来工作的展望。

第2章　最新研究回顾

本章讨论数据外包领域的最新成果，主要讨论对加密数据查询的有效方法。我们也提出一些方法来评估由于数据公开带来的推理风险，以及一些确保数据完整性的方法。而一些研究成果已经解决了开发用于外包数据和安全查询分布式数据库的访问控制系统。

2.1　简介

许多组织的数据库所持有的信息量增加得非常快。为了应对这种要求，这些组织可以：

- 增加数据存储和熟练的管理人员（高效率）。
- 将数据库管理委托给外部服务提供商（数据库外包），这是一个变得日益流行的解决方案。

数据库外包通常被称为数据库即服务（DAS），在这种方案中，外部服务提供商提供了让客户访问外包数据库的机制。数据库外包的一个主要优势是在内部与外包托管的高额费用的比较。外包提供显著的成本节约，并承诺比在内部运作有更高的可用性和更有效的灾难保护。另一方面，数据库外包带来一个严重的安全问题，因为确保外包数据库高可用性的（即它是值得信赖的）外部服务提供者在数据库内容的机密性方面不总是可信的。

除了众所周知的保密性和隐私破坏的风险外，对外包数据的威胁还包括数据库信息的不当使用：服务器可以提取、转售或者将数据所有者收集和组织的数据集合用于商业用途，这会对集成了数据收集的任意产品或服务的数据拥有者的市场造成潜在危害。传统的数据库访问控制技术不能阻止服务器本身对存储在数据库中的数据进行未经授权的访问。另外，为了防止诚实但好奇的服务器，可以使用一个加密的保护层包裹敏感数据，防止来自外部的攻击，以及服务器本身的渗透[38]。这种情况引起了许多有趣的研究挑战。首先，数据加密引入了有效地查询外包加密数据的问题。由于保密要求，数据解密必须仅能在客户端进行，提出了外部服务器直接执行加密数据查询的技术。通常，这些解决方案主要是对加密数据增加一种称为索引的信息。索引的计算基于明文数据且保存数据的一些原有的特色，以允许（部分的）查询评估。然而，由于索引携带一些关于原始数据的信息，可能会被恶意用户或者服务提供商用作推理渠道。第二，由于数据不受所有者的直接控制，必须防止未经授权的修改，以保证数据的完整性。为了达到这个目的，提出了基于不同签名机制的各种解决方案，主要目标是提高验证的效率。第三，虽然基于索引的解决方案是一种有效的对加密数据查询的方法，但是由于使用索引和数据解密的查询的执行，以及查询结果过滤执行，增加了查询的执行的开销。然而，通常情况下，在数据收集中的敏感数据是属性之间的关联，而不止是每个属性本身所赋予的值，所以，提出了基于碎片和加密相结合的新方法，以减少加密的使用，并因此提高查询执行效率。第四，在数据外包领域，一个有趣的还没有被深入研究的问题是访问控制执行的提出，这不能委托给服务提供商。最后，外包数据存储在不同的服务器上时，需要新的安全数据集成机制，同时应考虑协作服务器的不同的数据保护需求。

2.1.1 本章大纲

在本章中，我们主要探讨数据外包领域的数据访问和安全问题。本章其余部分安排如下：2.2节对数据外包情况所涉及的实体及其典型的合作进行了概述。2.3节描述了在文献中提出的支持加密数据查询的主索引方法。2.4节介绍了由不同索引技术带来的推理暴露。2.5节集中于保证数据完整性的技术。2.6节描述了碎片和加密有效结合的方案以保护数据隐私。2.7节提出了外包加密数据的访问控制实施的主要建议。2.8节描述了在分布式系统中的安全数据集成的问题和方法。最后，2.9节对本章进行总结。

2.2 基本方案和数据组织

在本节中，我们描述了在DAS情况中涉及的实体，数据在外包数据库环境下是如何组织的，以及在系统中进行查询评价时的实体之间的相互作用。

2.2.1 参与各方

有四种不同的实体在DAS情况中进行交互,如图2.1所示。

- 数据拥有者（个人或组织）：生产和外包资源,使其可以用于受控的外部发布;

- 用户（人的实体）：对系统提出请求（查询）;

- 客户端前端：将用户提出的查询转换成对存储在服务器上的加密数据的等效查询操作;

- 服务器：接收来自一个或多个数据所有者的加密数据,并使其可以分发到客户端。

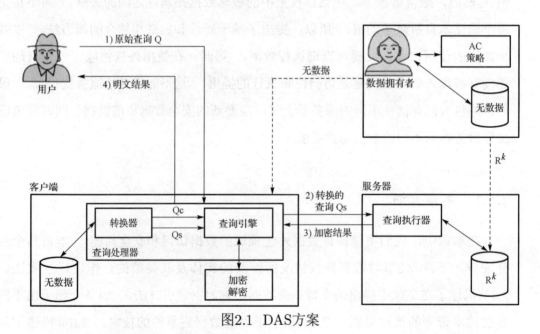

图2.1 DAS方案

在外包数据时,假设客户端和数据所有者信任服务器,并能忠实地维护外包数据。于是,依赖服务器提供可用的外包数据,数据拥有者和客户可以随时访问数据。然而,由于实际的数据库内容的保密性,服务器（可以是诚实但好奇的）是不被信任的,因为外包数据可能包含数据所有者希望只对授权的用户释放的敏感信息。因此,有必要防止服务器对数据库进行未经授权的访问。为了达到这个目的,数据所有者用一个只有可信客户端知道的私钥对数据进行加密,然后将加密的数据库发送到服务器进行存储。

2.2.2 数据组织

一个数据库可以根据不同的策略进行加密。原则上，所有对称和非对称的加密都可以用在不同的粒度级别。通常采用比非对称加密成本低的对称加密。数据库加密执行的粒度级别可以依赖于需要访问的数据。然后，加密可以按照文献[55,63]进行晶粒细化。

- 关系：明文数据库中的每个关系用加密数据库中的单一加密值表示；因而，在所发布的数据中无法区分元组和属性，在加密数据库的查询中也不会明确说明。
- 属性：明文关系中的每个列（属性）用加密关系中一个单独的加密值表示。
- 元组：明文关系中的每个元组用加密关系中的一个单独的加密值表示。
- 元素：明文关系中的每个元素用加密关系中的一个单独的加密值表示。

因为不可能提取加密的关系元组的任何子集，所以关系级别和属性级别的加密意味着查询中所涉及的整个关系的发出请求的客户端的通信。另一方面，在元素级的加密中，数据所有者和客户端在加密、解密数据时将需要大量的工作。为了平衡客户端的工作量和查询执行效率，大多数方案都假定数据库在元组级加密。

虽然数据库加密提供了充分的数据保护级别，服务器无法对加密数据库直接执行用户查询。收到查询后，服务器只能将查询中所涉及的加密关系发送给请求者；然后，客户端需要解密这些关系并执行查询。为了让服务器能选择一个元组集作为对查询的响应，需要一组与加密关系有关的索引。在这种情况下，服务器为每个可能需要进行条件评估的属性存储一个加密的关系与索引。为简单起见，我们假设数据库中的每个关系的每个属性存在一个索引。根据需要进行远程评估的条款和条件，可以为一个关系中的属性定义不同类型的索引。给定一个明文数据库 $\mathscr{R}$，将 $\mathscr{R}$ 中的模式 $R_i(a_{i1}, a_{i2}, ..., a_{in})$ 下的每个关系 r_i 映射到相应的加密数据库 $\mathscr{R}^k$ 中的模式 $R_i^k(Counter, Etuple, I_{i1}, I_{i2}, ..., I_{in})$ 下的关系 r_i^k。在这里，增加的 $Counter$ 是一个数值属性，用来表示加密关系的主密钥；$Etuple$ 是包含加密元组的属性，值由一个加密函数 E_k 应用到明文元组得到，其中 k 为密钥；I_{ij} 是 R_i 中第 j 个属性 a_{ij} 的索引。虽然假设加密的元组和索引是在同一关系中，我们注意到，索引可以存储在一个单独的关系中[35]。

为了说明，请见图2.2(a)中的关系Employee。相应的加密关系如图 2.2(b)所示，这里索引值一般用希腊字母表示。加密关系与原始关系具有完全相同的元组数。为了可读性，加密关系中的元组，用与它们在相应的明文关系中相同的顺序列出。索引的顺序情况类似,与相应的明文关系模式中属性列表有相同的顺序。出于安全原因,真实世界的系统不保留属性和元组的顺序,属性和元组之间的对应关系由只有授权方可以访问的元关系进行维护[32]。

Employee				
Emp-Id	Name	YoB	Dept	Salary
P01	Ann	1980	Production	10
R01	Bob	1975	R&D	15
F01	Bob	1985	Financial	10
P02	Carol	1980	Production	20
F02	Ann	1980	Financial	15
R02	David	1978	R&D	15

(a)

Employee^k						
Counter	Etuple	I_1	I_2	I_3	I_4	I_5
1	ite6Az*+8wc	π	α	γ	ε	λ
2	8(Xznfeua4!=	ϕ	β	δ	θ	λ
3	Q73gnew321*/	ϕ	β	γ	μ	λ
4	-1vs9e892s	π	α	γ	ε	ρ
5	e32rfs4aS+@	π	α	γ	μ	λ
6	r43arg*5[ )	ϕ	β	δ	θ	λ

(b)

图2.2 明文(a)与密文(b)关系的例子

2.2.3 相互作用

如果索引已经事前转换成对加密数据库的等价查询操作,它的引入允许对服务器端的任何查询Q进行部分评价。图2.1总结了由用户提交的查询评价的最重要的必要步骤。

(1) 用户提交参照明文数据库$\mathcal{R}$的模式的查询Q,并把它传递给前端的客户端。用户不需要知道数据已经外包给第三方。

(2) 客户将用户的查询映射到:① 一个等价查询Q_s,通过索引在加密的关系上工作;② 一个额外的查询Q_c,在Q_s的结果上工作。然后把查询Q_s传递到远程服务器。需要注意的是,客户是系统中知道$\mathcal{R}$和$\mathcal{R}^k$的结构且可以转换用户提交的查询的唯一实体。

(3) 远程服务器执行接收到的对加密数据库的查询Q_s,将结果(即一组加密的元组)返回给客户。

(4) 客户端解密收到的元组,并最终丢弃寄生元组(即那些不满足由用户提交的查询的元组)。通过执行查询Q_c将寄生元组删除。然后将明文的最终结果返回给用户。

由于客户端可能具有有限的存储和较低的计算能力,查询执行过程中的主要目标之一,是尽量减少在客户端的工作量,同时最大限度地提高能在服务器端计算的操作[36,55,57,63]。

Iyer等基于将查询图形表示为树,在文献[55,63]中提出了一种最大限度地减少客户端的工作量的解决方案。由于作者未给出"select-from-where"查询的详细分析，每个查询$Q=$ "SELECT A FROM $R_1,...,R_n$ WHERE C"可以改写为代数表达式的形式$\pi_A(\sigma_C(R_1 \bowtie ... \bowtie R_n))$。每个查询可以被表示为一个二叉树，叶子对应关系$R_1,...,R_n$，内部节点表示关系的操作，接收它们的子节点生成的结果作为输入。查询树分为两个部分：下部包括服务器可以执行的所有操作，而上部包含不能委托给服务器的所有操作，因此需要由客户端执行。特别地，因为查询可以通过向上、向下选择和延期映射用不同但等价的树来表示，所提出的解决方案的基本思想是确定查询的树形表示，这样只有客户端可以执行的操作处于树的最高水平。例如，如果在查询中有两个"与"条件且只有一个可以在服务器端执行，选择操作以一个条件在服务器端执行，另外的在客户端执行的方式被分割。

Hacigümüs等[57]提出了一个方法，将在加密数据上执行的查询Q_s分割成两个子查询Q_{s1}和Q_{s2}，其中Q_{s1}只返回属于最终结果的元组，Q_{s2}也可能包含伪元组。不同之处在于允许Q_c在Q_{s2}的结果上执行，且Q_{s1}返回的元组可以立即解密。为进一步减少客户端的工作量，Damiani等提出了一个最大限度地减少客户端存储量的结构[36]，并且引进了选择性解密Q_s的思想。使用选择性解密，客户端解密评价Q_c所需要的部分元组，而完整的解密也只在属于最终结果的元组中执行，并将返回给最终用户。该方法基于在元组层使用一个块密码的加密算法，允许对那些包含评价Q_c的条件所必要的属性进行检测的块，这是唯一需要解密的。

要特别注意的是，将Q转化为Q_s和Q_c的过程中很大程度上取决于采用的索引方法以及组成查询Q的条件和条款。这里有需要由客户端执行的操作，由于所采用的索引方法不支持某些特定的方法（例如，所有类型的索引不支持查询范围）且服务器不允许解密数据。还有，虽然存在服务器可以执行的索引操作，但需要只有客户端能执行的预计算，因此，必须推迟Q_c（例如，执行HAVING条款中的一个条件时，需要一个属性的分组，其对应的索引使用一个不支持GROUP BY条款的方法来创建）。

2.3 加密数据查询

为查询加密数据设计解决方案，最重要的目标是最小化客户端的计算并减少通信开销。服务器因而需承担大多数的工作。在服务器端不同的索引方法可以实现不同种类的查询。

现在我们来详细地阐述最初提出的在服务器端进行的有效查询方法，同时概述最新的能够改善服务器查询数据能力的一些方法。

2.3.1 桶算法

Hacigümüs等提出了第一种查询加密数据的方法[58]，该方法是基于属性域的一些存储桶数的定义。令r_i是模式$R_i(a_{i1}, a_{i2}, ..., a_{in})$上的一个明文关系，且$r_i^k$是对应的模式$R_i^k(Counter, Etuple, I_{i1}, I_{i2}, ..., I_{in})$上对应的加密关系。考虑$R_i$中任意一个属于域$D_{ij}$的明文属性$a_{ij}$，基于桶的索引方法，将$D_{ij}$划分为一些互不重叠的值的称为桶的子集，该子集包含连续的值。这个过程称为bucketization，通常会产生相同大小的桶。

然后，每个桶与一个唯一的值对应，且这些值的集合是与a_{ij}相关的索引I_{ij}的域。给定r_i中的一个明文元组t，t的属性值a_{ij}(即$t[a_{ij}]$)只属于定义在D_{ij}上的桶。相应的索引值是明文值$t[a_{ij}]$所属的桶的唯一的值。特别要注意的是，为了更好地保护数据保密性，索引I_{ij}的域可能不遵循与明文属性a_{ij}相同的顺序。图2.2(b)中的属性I_3和I_5是通过将图2.3中定义的bucketization方法应用到图2.2(a)中的属性YoB和Salary得到的索引。注意，由于$1975 < 1985$，I_3不影响它代表的域的顺序，这里按照字典顺序δ在γ之后。

由于出现在WHERE从句中的相等条件可以被映射到在索引上进行同等条件的操作，所以基于桶的索引方法允许在服务器端对这些条件进行评估。给定一个$a_{ij} = v$形式的明文条件，其中v为常数，相应的在索引I_{ij}上运算的条件是$I_{ij} = \beta$，其中β是对应于包含v的桶的值。例如，见图2.3，条件YoB=1985被转化成$I_3 = \gamma$。另外，如果同一个域的属性使用相同的bucketization索引，定义在同一个域的属性的相等条件可以由服务器进行评价。在这种情况下，形式为$a_{ij} = a_{ik}$的明文条件被转化成索引上的条件$I_{ij} = I_{ik}$。

基于桶的方法不容易支持范围查询。由于索引域不一定保留明文域的顺序，形如$a_{ij} \geqslant v$的范围条件，其中v是一个常数，必须被映射到一系列在索引I_{ij}上运算的形如$I_{ij} = \beta_1$ OR $I_{ij} = \beta_2$ OR ... OR $I_{ij} = \beta_k$的等价条件，其中$\beta_1,...,\beta_k$是与大于等于v的明文值所对应的相关的桶的值。例如，见图2.3，条件YoB $\geqslant$ 1977必须转化成$I_3 = \gamma$ OR $I_3 = \delta$，因为这两个值代表比1977更大的年。

需要注意的是，由于相同的索引值与一个以上的明文值相关，利用基于桶索引的查询通常会产生寄生元组，需要由前端客户端过滤掉。寄生元组是在索

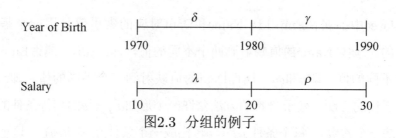

图2.3 分组的例子

引中满足条件的元组，但不符合原始明文的条件。例如，考虑图2.2中的关系，查询 "SELECT * FROM Employee WHERE YOB=1985" 被转化成 "SELECT Etuple FROM Employee^k WHERE $I_3 = \gamma$"。由服务器执行的查询结果包括元组1，3，4和5；但是，只有元组 3 满足由用户设定的原始条件。元组1，4和 5 是寄生元组，必须由客户端在Q_s结果的后处理过程中丢弃。

Hore等[61]通过引入一种有效方法来区分属性的域，改进了对基于桶的索引方法。给定一个属性和对它的查询，作者提出了一个建立高效率索引的方法，试图使范围和相等查询的结果中的寄生元组数最小。

如我们将在 2.4 节看到的，基于桶的索引方法的一个主要缺点是能暴露数据给推理攻击。

2.3.2 基于哈希（hash）的方法

基于哈希的索引方法与基于桶的方法类似，是基于单向哈希函数的概念[35]。

令r_i是模式$R_i(a_{i1}, a_{i2}, ..., a_{in})$上的一个明文关系，$r_i^k$是模式$R_i^k(Counter, Etuple, I_{i1}, I_{i2}, ..., I_{in})$上对应的加密关系。为了对每个$R_i$上的属性$a_{ij}$进行索引，定义一个单向函数$h : D_{ij} \to B_{ij}$，其中$D_{ij}$是$a_{ij}$的域，$B_{ij}$是对应$a_{ij}$的索引$I_{ij}$的域。给定$r_i$中的一个明文元组$t$，将单向函数 h 应用到明文值$t[a_{ij}]$来计算 t 的属性a_{ij}的相对应的索引值。

任何一个哈希函数h的一个重要特性是其确定性；形式化的表示为，$\forall x, y \in D_{ij} : x = y \Longrightarrow h(x) = h(y)$。哈希函数的另一个有趣的特性是 h 的值域是小于其域，因此有碰撞的可能性；给定两个值$x, y \in D_{ij}$且$x \neq y$有$h(x) = h(y)$时，发生碰撞。进一步的性质是h必须产生强混合，即在D_{ij}中随机选取的两个不同但相近的值$x, y(|x - y| < \varepsilon)$，$h(x) - h(y)$差异的离散概率分布是均匀的（哈希函数的结果可以是任意不同的，即使是非常近似的输入值）。强混合的一个后果是哈希函数不保留所作用的域的属性的顺序。例如，考虑图2.2中的关系。这里，关

系Employee中的属性Emp-Id、Name和Dept对应的索引值是用一个基于哈希的方法计算的。属性Name的值映射到两个不同的值，即α和β，属性Emp-Id的值映射到两个不同的值，即π和ϕ，属性Dept的值映射到三个不同的值，即ε、θ和μ。类似于基于桶的方法，基于哈希的方法允许一个形如$a_{ij} = v$的相等条件的高效评估，其中v是一个常数。每个条件$a_{ij} = v$转化成一个条件$I_{ij} = h(v)$，这里I_{ij}是对应于加密关系中的a_{ij}的索引。例如，条件Name="Alice"转化为$I_2 = \alpha$。另外，涉及定义在同一个域的属性的相等条件可以由服务器进行评估，前提是这些属性的索引使用相同的哈希函数。基于哈希的方法的主要缺点是不支持范围查询，与基于桶的方法采用一个类似的解决方案是不可行的，因为明文域中的碰撞值一般不连续。

如果用于索引定义的哈希函数不是无碰撞的，则利用索引的查询产生的寄生元组需要前端客户端过滤掉。无碰撞的哈希函数保证不存在寄生元组，但可能会泄漏一些可以推断的数据（见2.4节）。例如，假设图2.2(a)中的属性Dept采用的哈希函数是无碰撞的，条件Dept="Financial"可以转化为$I_4 = \mu$，将只返回属于包含相应的明文条件的查询的结果（在我们的例子中，Counter等于3和5的那些元组）。

2.3.3 B+树方法

基于桶的和基于哈希的索引方法不容易支持范围查询，因为这两个解决方案不保留顺序。Damiani等[35]提出了一个索引方法，保护数据隐私的同时，保留属性a_{ij}的域特征的顺序关系。该索引方法利用传统的用于物理索引数据的关系数据库管理系统的B+树的数据结构。扇出为n的B+树每个节点最多可存储$n-1$个搜索关键值和n个指针，除了根节点和叶子节点外，至少有$\lceil n/2 \rceil$个孩子节点。给定一个存储f个关键值$k_1, k_2, ..., k_f$的内部节点，其中$f \leqslant n-1$，每个关键值跟在一个指针p_i之后，k_1之前有一个指针p_0。指针p_0指向那个包含的关键值低于k_1的子树，p_f指向那个包含的关键值大于或等于k_f的子树，每个p_i指向值包含在$[k_i, k_{i+1})$中的子树。内部节点不指向表示数据库中的元组，而仅指向结构中的其他节点；与此相反，叶子节点不包含指针，而是直接指向数据库中具有一个特定值的索引属性的元组。叶子节点链接到一个高效的执行范围查询的链中。例如，图2.4(a)表示为图2.2(a)中的关系Employee中的Name属性建立的B+树索引。为了用关键值k来访问一个元组，值k先搜索B+树的根节点，然后通过下面的方案遍历树：若 $k < k_1$，选择指针 p_0；若 $k \geqslant k_f$，选择指针 p_f；否则，若 $k_i \leqslant k < k_{i+1}$，选择指针 p_i。这个过程一直进行，直到检查到一个叶子节点为止。如果在任何叶子节点都没有发现 k，则该关系不包含用于索引属性的值 k 的任何元组。

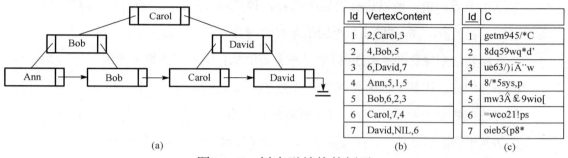

图2.4 B+树索引结构的例子

一个B+树索引可以有效地用于关系 R_i 的模式中的每个属性 a_{ij}，只要 a_{ij} 定义在一个部分有序的域中。索引是由数据拥有者在属性的明文值上建立的，然后连同加密数据库存储在远程服务器上。为此，B+树结构转化成一个有两个属性的特定关系：代表节点身份的 Id 和表示实际节点内容的 $VertexContent$。在树中关系为每个节点有一行，且指针通过交叉引用从节点内容到关系中的其他的节点身份来表示。例如，图2.4(a)中所示的B+树结构由图2.4(b)中的关系的加密数据库来表示。由于表示B+树的关系包含敏感信息（即建立B+树所用的属性的明文值），所以这个关系通过加密其内容来保护。为此，加密应用在定点级（即关系中的元组）来保护明文和索引值之间的顺序关系以及这两个域之间的映射。相应的加密关系有两个属性：如之前一样代表节点身份的 Id 和包括加密节点的 C。图2.4(c)说明了对应于图2.4(b)中的明文B+树关系的加密的B+树关系。

基于B+树的索引方法允许出现在WHERE从句中的相等和范围条件的评价中。此外，由于保留顺序，它也允许SQL查询中的ORDER BY和GROUP BY，以及大多数的聚合运算直接在加密数据库上计算。给定明文条件 $a_{ij} \geqslant v$，其中 v 是一个常数值，有必要遍历存储在服务器上的B+树来找出那个代表 v 的正确评估所考虑条件的叶子节点。为此，客户端查询B+树来检索根节点。通常是 $t[Id] = 1$ 的元组 t，然后解密 $t[C]$，计算它的内容，并按照上述的搜索过程，再一次查询远程服务器沿着到 v 的路径来检索下一个节点。继续这个搜索过程，直到发现一个（任意的）包含 v 的叶子节点。然后，客户端沿着叶子节点链从检索到的叶子开始提取所有满足条件$a_{ij} \geqslant v$的元组。例如，图2.4(a)中的B+树是为图2.2(a)中的关系Employee的属性Name定义的。在按字典序排序的属性Name的值中，查找"Bob"的后面是哪个元组的查询如下评估。首先，检索和评估根节点：因为"Bob"在"Carol"之前，所以选择第一个指针，顶点2被评估。因为"Bob"等于这个节点的值，所以选择第二个指针，顶点5被评估。顶点5是一个叶子节点，且所有在节点5，6，7的元组返回给最终的用户。

需要特别注意的是，B+树索引在查询的执行中不产生寄生元组，但是客户端的条件的评价比基于桶的和基于哈希的方法代价更高。由于这个原因，将基于桶的方法或者基于哈希的方法与B+树方法相结合是可取的，且仅将B+树索引用于评估基于间隔的条件。与传统的用于数据库管理系统的B+树结构相比较，这里提到的索引结构中的节点，不需要与磁盘存储块有相同的大小；可以使用一个成本模型，用于优化一个节点的子节点的数目，可能产生有很多子节点的节点和有限深度的树。最后，我们注意到因为B+树内容是加密的，这个方法对推理攻击是安全的（见2.4节）。

2.3.4 保序加密方法

为了不采用B+树数据结构并且能支持对加密数据的相等和范围查询，Agrawal等提出了一个保序加密方案（Order Preserving Encryption Schema,OPES）[4]。由于在需要的时候可以引入新的桶，保序加密方案函数有压平索引值的频谱的优势。这里需要特别注意的是，在这类索引上执行的查询不返回寄生元组。同时，保序加密方案仅当入侵者不知道明文数据库或者原始属性域时保证数据安全。

有分裂和缩放的保序加密方案（Order Preserving Encryption with Splitting and Scaling, OPESS）[96]是保序加密方案的一个进化，它支持范围查询且能够避免推理问题。这个索引方法利用传统的用于物理索引数据的数据库管理系统的B-树数据结构。B-树数据结构与B+树数据结构类似，但是内部节点直接用于数据库中的元组，且树的叶子节点不是连接在唯一的列表中。

有分裂和缩放的保序加密方案可以有效地用于关系模式R_i中的每个属性a_{ij}，只要a_{ij}定义在一个偏序域中。该索引由数据所有者在属性的明文值上建立，然后连同加密的数据库存储到远程服务器。与B+树索引结构不同的是，有分裂和缩放的保序加密方案采用的B-树数据结构是建立在索引值上而不是明文值上。因此，在建立存储在远程服务器的B-树结构之前，有分裂和缩放的保序加密方案在a_{ij}的原始值上使用称为分裂和缩放两项技术，目的在于使得索引值的频率平坦分布。

考虑定义在域D_{ij}上的属性a_{ij}，假设在所考虑的关系r_i中出现的值$\{v_1,...,v_n\}$按照次序等于$\{f_1,...,f_n\}$。首先，在a_{ij}上执行一个分裂过程，产生一些几乎具有平坦频率分布的索引值。这个分裂过程应用在由r_i中的a_{ij}产生的每个值v_h。分裂确定了三个连续的正整数$m-1, m$和$m+1$，这样值v_h的频率f_h可以表示为这些计算值的一个线性组合：$f_h = c_1(m-1) + c_2(m) + c_3(m+1)$，其中$c_1, c_2, c_3$是非负整数值。因此，明文值$v_h$可以映射到$c_1$索引值$m+1$次，$c_2$索引值$m$次，$c_3$索引值$m-1$次。为了保持索引值的顺序与属性$a_{ij}$在原始域的顺序相同，对任意两个值$v_h < v_l$，任意两个分别对应于值$v_h, v_l$的索引值$i_h, i_l$，我们要保证$i_h < i_l$。为此，文献[96]中的作者提出采用一个保序加密函数。具体地，对每个明文值v_h，其索引值通过将随机选择字符串的低位比特加到普通字符串的高位比特而得到，如下计算：$v_h^e = E_k(v_h)$，其中E是一个密钥为k的保序加密函数。

由于分裂技术意味着索引代表值v和与v的原始频率完全相同，一个知道明文域值的频率分布的攻击者，可以采用这个性质来攻破所采用的索引方法。事实上，根据定义，由一个给定明文值映射而得到的所有索引值是连续的值。因此，文献[96]中的作者提出采用一个结合分裂的缩放技术。每个明文值v_h对应一个缩放因子s_h。当v_h分裂为n个索引值时，即$i_1,...,i_n$，B-树中对应于i_h的每个索引项重复s_h次。注意索引的所有s_h个副本都指向加密数据库中的同一个元组块。应用缩放后，索引频率分布不再均匀。在不知道所使用的缩放因子的情况下，攻击者不能重构明文值和索引值之间的对应。

OPESS索引方法允许对出现在WHERE字句中的相等和范围条件进行评估。此外，由于保序，也允许直接在加密数据库上对SQL查询中的ORDER BY和GROUP BY字句，以及大多数的聚合运算进行评估。需要注意的是，即使不产生寄生元组，但由于相同的明文值映射为不同的索引值，且在评估查询是分裂和缩放方法对需要颠倒使用，所以查询执行的代价很高。

2.3.5 其他方法

除了上面提到的三种主要的索引方法，也提出了很多其他的支持加密数据查询的方法。这些方法尝试更好地支持SQL语句或者减少远程服务器产生的结果中的寄生元组的数量。

Wang等[97,98]提出了一个新的索引方法，特别针对属性的域是一个在良好定义的字符集合中的所有可能的字符串的集合，采用基于哈希的索引方法来直接评估LIKE条件。对于由n个字符$c_1c_2...c_n$组成的任意字符串s，通过对s中每两个相邻的字符应用一个安全的哈希函数来获得其索引值。给定一个串$s = c_1c_2...c_n = s_1s_2...s_{n/2}$，其中$s_i = c_{2i}c_{2i+1}$，相应的索引由$i = h(s_1)h(s_2)...h(s_{n/2})$计算。

Hacigümüs等[57]研究了一种支持远程聚合运算的方法，如COUNT，SUM，AVG，MIN，MAX。这种方法基于秘密同态的概念[19]，利用代数模的性质允许索引值的和、差和乘积运算，而不保留原始域中的特征关系顺序。Evdokimov等[47]形式化地分析了基于秘密同态方法的安全性，考虑了赋予远程服务器的机密程度。作者对加密数据库形式化地定义了本质安全性，并且证明了几乎所有的索引方法都不是本质安全的。特别地，不产生属于查询结果的寄生元组的方法不可避免的会受到来自恶意的第三方或者服务提供者本身的攻击。

明文和密文的划分(Partition Plaintext and Ciphertext, PPC)是外包数据的服务器端存储的一个新模型[63]。这个模型提出同时外包明文和需要存储在远程服务器的加密信息。在该模型中，仅加密和索引敏感的属性，而其他属性用明文形式发布。作者为DBMS提出了一个高效的结构，将明文和加密数据存储在一起，特别是在同一个内存页面。

不同的工作小组对在加密文档中搜索关键词提出了不同的方法[16,20,51,93,99]。这些方法都基于安全索引数据结构的定义。安全索引数据结构允许服务器检索包含特定关键词的所有文档而不知道其他任何信息。这可能是因为在加密数据时使用了陷门，客户在查询数据时又使用了这个陷门。其他类似的方法均是以基于身份的加密 (Identity Based Encryption) 技术为基础来定义索引方法的安全性。Boneh和Franklin[17]提出一个加密方法允许在密文数据上搜索，而不暴露有关原始数据的任何信息。该方法通过严格证明是安全的。虽然这些对加密数据搜索关键词的方法最初是为审计日志或邮件存储提出的，但也适用于外包数据库领域中的索引数据。

图2.5总结了讨论的每一种索引方法(部分)支持哪种类型的查询。其中，连字符表示不支持这种查询，黑色圆点表示完全支持，白色圆点表示部分支持。

2.4 推理泄漏评估

给定模式$R(a_1, a_2, ..., a_n)$上的一个明文关系r，有必要决定哪些属性需要索引

索引	查询		
	相等	范围	聚集
Bucket-based [58]	●	○	–
Hash-based [35]	●	–	○
B+ Tree [35]	●	●	○
OPES [4]	●	●	○
OPESS [96]	●	●	●
Character oriented [97, 98]	●	○	–
Privacy homomorphism [57]	–	–	●
PPC [63]	●	●	–
Secure index data structures [16, 20, 51, 93, 99]	●	○	–

● 全部支持　○部分支持　– 不支持

图2.5　支持查询的索引方法

以及如何定义相应的索引。特别是当为一个属性定义一个索引方法的时候，需要考虑两个矛盾的要求：一方面必须提供充分的与数据有关的索引信息来提供一个有效的查询执行的机制，另一方面，索引和数据之间的关系不能为推理和链接攻击打开大门，它可能威胁由加密提供的保护。不同的索引方法可以在查询执行的效率和从推理的数据保护之间达到不同的平衡。因此，有必要定义一个由远程服务器的索引的公开所导致的泄漏风险的评价指标。

虽然在数据外包领域已经提出了许多支持不同类型查询的技术，但这些方法对推理和链接攻击所能提供的保护级别的深入分析还很欠缺。特别地，仅有极少的索引方法考虑了泄漏[24,35,37,61]。

Hore等分析了使用基于桶索引方法的安全问题[61]。作者考虑了两种情形下的数据泄漏：① 一个单一属性的发布；② 与一个关系相关的所有索引值的公开。为了评价由特定索引方法提供的对原始数据的保护级别，作者提出采用两个不同的评价指标。第一个是在一个桶 b 中的值的分布的方差。第二个是在一个桶 b 中的值的分布的熵。方差越高，为数据提供的保护级别越高。因此，数据所有者应该使关系中与每个桶对应的方差达到最大化。类似地，桶的熵越高，为数据提供的保护级别越高。当对一个关系进行桶划分时，数据拥有者要解决一个最优化问题，即在使效率最大化的同时，使最小方差和最小熵达到最大化。由于这样一个最优化问题是NP困难的，Hore等[61]提出了一个近似方法，混合一个有退化性质的最大化。这个算法的目标是保证在性能不低于一个强制的门限时，使最小方差和熵达到最大化。

考虑到由于关联而导致的泄漏风险，Hore等[61]采用了大家熟知的 k 匿名概念[83]，该概念在进行多属性范围查询时作为一种由索引提供的隐私衡量。事实上，多属性范围查询的运算结果暴露给了在公开可用的数据集上的数据链接。k匿名被广泛地认为是一个由发布的数据集合提供的隐私级别的衡量，因为可以通过将私有数据和公开数据集合相链接来重新识别调查对象（或者它们身份小于预先设定的门限k的不确定性）。

Damiani等[24,35,37]评估了采用基于哈希的索引方法的推理泄漏。推理泄漏是通过考虑攻击者的先验知识来衡量的，因此引入两个不同的场景。第一个场景称为$Freq+DB^k$，除了加密数据库(DB^k)，假设攻击者知道明文属性域和明文值($Freq$)在原始数据库中的分布。第二个场景称为$DB+DB^k$，假设攻击者知道加密的(DB^k)和明文数据库(DB)。在这两个场景中，把计算攻击者正确地将索引值映射到明文属性值的概率作为泄漏衡量。作者说明了对推理要实现高级别的保护，可以使用一个产生碰撞的基于哈希的方法。在碰撞因子等于1即无碰撞的基于哈希的方法中，对泄漏推理的评价仅仅依赖于用于索引的属性个数。在$DB+DB^k$情形下，泄漏会随着用于索引的属性个数的增长而增长。在$Freq+DB^k$情形下，攻击者可以通过比较它们的出现情况来发现明文和索引值之间的对应关系。直观上，泄漏会随着不同出现情况的属性个数的增长而增长。例如，考虑图2.2(a)中的关系Employee，我们注意到Salary和对应的索引I_5有一个唯一的且只出现一次的值，分别为20和ρ。因此我们可以得出结论，对应于20的索引值为ρ，并且没有其他的工资值映射到ρ。

Damiani等[37]推广了文献[24,35]中提出的泄漏推理的衡量，介绍了一种新的推理衡量，可以与整个关系而不是单一的属性相关联。作者们提出了两个方法来汇总在属性级别计算的暴露风险的度量。第一个方法利用加权平均算子，以与值a_i的泄漏有关的风险成正比地增加了每个属性a_i的加重。第二个利用OWA（Ordered Weighted Averaging，有序加权）算子，它允许为不同的属性集分配不同的重要值，根据所采用的对具体属性的子集的索引方法来保证保护的程度。

Agrawal等[4]评价了在$Freq+DB^k$情形下采用OPESS索引方法的泄漏推理。由于索引值的平坦的频率分布和缩放方法提供了额外的保证，避免了攻击者将频率知识与所采用的索引方法的知识相结合，他们证明了他们提出的方法是本质安全的。

2.5 外包数据的完整性

在数据库外包领域经常假设服务器是诚实但好奇的，且客户和数据拥有者相信它忠实地维护外包数据。然而，这种假设并不总是适用的，保护数据库内容不被不当修改（数据完整性）也是重要的。在文献中提出的方法的主要目标是检测未经授权更新远程存储的数据[56,73,74,92]。Hacigümüs等[56]提出对数据库中的每个元组增加一个签名。签名由数字签名计算，其中使用了拥有者的私钥，以及对元组内容使用哈希函数得到的哈希值。签名在加密之前增加到元组中。当客户收到一个元组作为查询结果时，它可以检验该元组是否被与数据拥有者不同的实体进行了修改。验证过程包括重新计算元组内容的哈希值，检查是否与元组本身存储的值匹配。除了元组级的完整性，关系级的完整性（即没有非授权的插入和删除的元组）也需要保护。因此，对于每个关系，增加了一个基于关系中的所有元组而计算的签名。所提出的方法的一个优点是，在任何时间插入或删除一个元组都不需要重新计算关系级的签名，因为旧签名可被调整到新的内容，从而在数据拥有者端节省了计算时间。

由于对查询结果集中的每一个元组都进行完整性检查的代价相当高，Mykletun等[73]提出了在运算中完成对一个集合中的元组的签名进行检验的方法。第一个方法称为压缩的RSA，该方法只有当集合中的元组被同一用户签名时工作；第二种方法基于双线性映射并且效率低于压缩的RSA，称为BGLS（来自第一个提出的这个签名方法的作者名[18]），即使集合中的元组被不同的用户签名也可以工作。这些解决方案的主要缺点是不保证不变性。不变性是指很难从其他聚合签名的集合获得一个有效的聚合签名。为了解决该问题，Mykletun等[72]提出了另一种基于零知识协议的解决方案。

Narasimha和Tsudik[74]提出了另一种方法，称为数字签名聚合和链接（Digital Signature Aggregation and Chaining, DSAC），也是基于哈希函数和签名。在这里，主要的目标是要评估查询结果相对于数据库内容是否是完备(Complete)和正确的(Correct)。该解决方案建立在元组的每个关系链上，为每一个可能出现在查询中的属性建立一个关系链，按照属性值排序。然后，一个元组的签名哈希是通过将该元组在所有链中的直接前驱组成的哈希值计算得到的。当与一个关系有不同的链相关联时，该解决方案的代价是相当高的。

Sion[92]提出了一种方法，以确保结果的准确性，并保证服务器正确地执行远程数据查询。该方法基于对令牌的预先计算，适用于批量查询。基本上，在数据库外包之前，数据拥有者预先计算明文数据上的一个查询集，其中的每个查询与一个令牌相关联，该令牌通过对查询结果和一个现时标志的连接使用一个单向密码学哈希函数计算得到。提交到服务器的批查询的任意集合包含预先计算的查询的一个子集，以及相应的令牌和假令牌。服务器在应答时，必须指出哪些查询属于与给定令牌相对应的批处理集。如果服务器正确区分哪些令牌是假的，客户端能够确保服务器执行了集合中的所有查询。

2.6 数据库的隐私保护

一般情况下，对包含敏感数据的整个数据库加密有些过度，因为并不是所有的数据本身是敏感的，而只有它们的联合需要保护。为了在数据外包中减少使用加密，提高查询执行效率，将碎片和加密技术结合是实用的[2]。在文献[2]中，作者提出了一个方法，其隐私要求仅通过保密限制建模（即必须阻止属性集的联合可见性），将信息分裂到两个独立的数据库服务器上（所以打破了敏感信息的组合），并且仅在绝对必要时才加密信息。假设只有可信任的客户端知道两个服务提供商（每一个服务器都不知道另一个服务器的存在），可以通过分裂原始数据将数据之间的敏感的关联打破。当分裂不足以解决特征数据收集的所有保密性约束时，可以利用数据加密。在这种情况下，用于数据加密的密钥存储在一个服务器上，加密结果存储在另一个服务器上。另外，可以利用其他数据混淆方法；参数值存储在一个服务器上，混淆数据存储在另一个服务器上。由于原始数据集合被分在两个不连通的服务器上，评估由可信任的用户制定的查询时，要求有一个可信任的客户端组合来自两个服务器的结果。原始查询被分成两个子查询在每个服务器上运行，结果由客户端连接和精炼。然而，查询评估过程的代价变得高了，特别是如果分裂不考虑系统所特有的工作量（即当经常出现在同一个查询的属性存储在不同的服务器上时）。在证明了找出一个使客户端执行查询的代价最小的分裂是NP困难的（该问题可以归约到图的着色问题）之后，作者提出了一种启发式算法，产生了良好的效果。

文献[2]虽然提出了一个有趣的想法，但其方法受到一些限制。主要的限制是隐私依赖于完全没有通信的且完全不知道对方的两个服务器。这个假设显然过于强大，且在真实环境中难以真正执行。服务器（或者访问它们的用户）之间的合谋可以很容易泄漏隐私。此外，两个服务器的假设限制了可以通过数据分裂解决的关联的数目，往往会迫使使用加密。在第4章中提出的解决方案克服了上述局限性：即它允许数据存储在单个服务器上，并使得以加密格式表示的数据量达到最小化，因此允许高效的执行查询。

在一些相关的代表性工作中[13,14]，作者利用函数依赖关系达到了正确执行访问控制策略的目的。在文献[14]中，作者提出了一种基于数据库分类的策略，它结合查询语言的限制，保护了敏感信息的保密性。数据库的分类是基于分类实例的概念，这是一组代表需要被保护的值的组合的元组。在分类实例的基础上，有可能区分允许的查询集合，即返回元组的查询不对应在分类实例中表示的组合。文献[13]中作者定义了一个机制，用来定义减少在关系数据库中从推理到访问控制执行中的保护数据的问题的限制。

2.7 外包情形下的访问控制执行

在数据外包的传统工作中，假设所有用户知道数据保护所采用的加密密钥（唯一的）来完全访问整个数据库。然而，这种简单的假设不符合当前的不同的用户可能需要查看数据的不同部分的场景，也就是需要执行选择性访问，因为不能将这样的任务委派给服务器。如果增加一个传统的授权层到当前的外包情景，在客户进行查询时，查询和查询结果都要数据拥有者（负责执行访问控制策略）过滤，然而，这个解决方案并不适用于一个真实的生活场景。更多最近的研究[15,33,70,102]通过结合加密和授权已经解决了在外包的加密数据上执行选择性访问问题，也就是通过选择加密执行访问控制。基本上，这个想法就是使用不同的密钥加密数据库的不同部分。然后这些密钥根据他们的访问权限分配给用户。

通过选择性加密来执行访问控制的自然的解决方法包括为系统中的每个资源使用不同的密钥，以及在每个用户的通信中可以访问对应资源的密钥集合。该解决方案正确执行策略，但代价却是非常高的，因为每个用户都需要保留由其权限决定的一定数目的密钥。也就是说，有许多权限、经常访问系统的用户与只有少量权限、很少访问系统的用户相比，有更多数量的密钥。为了减少用户要管理的密钥的数量，基于选择性加密的访问控制机制采用了密钥派生方法。一个密钥派生方法事实上是一个函数，给定一个密钥和可公开获得的信息，可以计算出另一个密钥。其基本思想是给每个用户少量的密钥，可以用这些密钥派生出其被授权访问的资源的所有密钥。

为了达到密钥派生方法的目标，必须定义哪些密钥可以从其他的密钥推导出来以及如何推导。在文献中提出的密钥派生方法是基于密钥派生层次的定义。给定系统中一个密钥的集合 $\mathcal{K}$ 和定义在其上的一个偏序关系 $\preceq$，相应的密钥派生层次通常表示为一个对 $(\mathcal{K}, \preceq)$，其中，对于任意的 $k_i, k_j \in \mathcal{K}$，$k_j \preceq k_i$ 当且仅当 k_j 可由 k_i 推导出。任何密钥派生层次可以通过图形方式表示有向无环图，$\mathcal{K}$ 中的每个密钥有一个顶点，且当 k_j 可由 k_i 推导出时从 k_i 到 k_j 有一条路径。根据 $\mathcal{K}$ 上定义的偏序关系，密钥派生层次可以是：一个链（即 $\preceq$ 定义一个总序关系）、一棵树或一个有向无环图（Directed Acyclic Graph, DAG）。不同的密钥派生方法可以按照其支持的分层类型分成不同的类，如下所示。

- 层次结构是一个顶点链[85]。一个顶点的密钥 k_j 可以在它的（唯一的）直接祖先的密钥 k_i 的基础上计算得到（即 $k_j = f(k_i)$），且不需要公共信息。

- 层次结构是一棵树[54,85,86]。一个顶点的密钥 k_j 可以在它的（唯一的）父母亲的密钥 k_i 和与 k_j（$k_j = f(k_i, l_j)$）相关的公开可用的标签 l_j 的基础上计算。

- 层次结构是一个DAG[6,8,31,59,62,67,69,87,91]。由于DAG中的每一个顶点可以有一个以上的直接祖先，密钥推导方法总体上要比用链或者树的方法复杂得多。有许多关于DAG的研究，通常会利用与密钥派生层次中每个顶点相关的公共信息。在文献[8]中，Atallah等引进了一类新的称为令牌的方法，维护与层次结构中每个边相关联的公共信息。给定任意分配给两个顶点的两个密钥 k_i 和 k_j，一个与 k_j 相关的公共的标签 l_j，一个从 k_i 到 k_j 的令牌定义为 $t_{i,j} = k_j \oplus h(k_i, l_j)$，其中，$\oplus$ 是一个n元XOR算子，h 是一个安全的哈希函数。给定 $t_{i,j}$，任何知道 k_i 且可以访问公共标签 l_j 的用户都可以计算（推导出）k_j。系统中所有的令牌 $t_{i,j}$ 都存储在一个公共目录中。

需要注意的是，对树进行的密钥派生方法可以用于顶点的链，反之是不正确的。类似地，对DAG进行的密钥派生方法可以用于树和链，反之也是不正确的。

密钥派生层次也被用于与数据外包不同的情况下的访问控制执行。例如，付费电视系统通常采用选择性加密来实现选择性访问执行，密钥层次可以轻松地分发加密密钥[12,79,94,95,100]。虽然这些应用与DAS情况有一些相似之处，但是也有不适用于数据外包的重要区别。首先，在DAS情况下，我们需要保护存储的数据，而在付费电视情况下，数据流是需要保护的资源。其次，在DAS情况下密钥派生层次是用来减少每个用户需要保留的密钥的数目，而在付费电视情况下密钥派生层次用来实现会话密钥分发。

任何采用选择性加密的解决方案存在的主要问题是策略更新后需要重新加密数据，从而导致了在进行策略修改时需要数据拥有者的介入。第3章中提出的选择性加密解决方案，减少了客户端在数据访问中的负担和数据拥有者在策略更新时的介入。

2.8 安全数据集成

数据外包场景假设数据由唯一的一个外部服务器来管理敏感信息。正如我们注意到的，在结合分割和加密以保护隐私的解决方案中，数据也可以存储在不同的服务器上。而且，新兴的场景经常需要各方密切合作以期达到共享信息和执行分布式计算的目的。查询执行的合作也意味着各方数据的相互流通。因此，很有必要为系统提供在数据交换时实施访问控制限制的解决方案，以进行分布式查询评价。事实上，在集中式和分布式系统中的查询管理的经典著作[11,23,26,64,68,90,101]不能使用在这样的场景中。事实上，这些方法描述了如何得到高效的查询，并没有考虑到服务器在属性可见性方面的限制。然而，鉴于安全在未来大规模分布式应用的构建中所起的关键作用，近来大量的研究都集中在保护要求下进行分布式查询的问题上。大部分这些工作[21,46,48,52,66,75]都是基于访问模式的概念，这是一种和每个关系/视图相关的配置文件，其中每个属性都有一个值，要么为i要么为o（即输入或输出）。当访问一个关系时，必须提供所有的i的属性值，以获得相应的o属性的值。另外，查询用数据记录表示，这是一种基于逻辑编程范式的查询语言。所有这些工作的主要目的是确定一类给定的访问模式支持的查询；第二个目的是定义与所涉及的关系相匹配的配置文件的查询计划，而使一些成本参数最小化（例如，数据源的访问次数[21]）。第5章我们将提出一个访问模式的补充方法，可以认为是用来描述一个关系模式的数据库特权的自然延伸；我们的方法引入了一个机制来定义联合路径的访问权限；而访问模式把授权描述为数据访问逻辑编程语言中的特殊公式。此外，第5章中提出的模型明确地管理了一个场景，不同的独立的参与方可以合作展开查询的执行，而访问模式的工作只考虑两个参与者，数据拥有者和访问数据的一个单一用户。

在文献[80]中，作者基于授权视图的定义提出了一个模型，隐含地定义了用户可以看到的查询集合。如果只使用管理系统的授权视图中的信息就可以回答一个查询，则允许该查询执行。这种模式的一个有趣的优点是，使用了参照完整性开发约束相应视图查询的安全合规性的自动识别。需要注意的是，文献[80]的工作是在一个较低水平的运算，因为它分析与一个关系型数据库管理系统的优化器的整合，着重考虑实例化查询（即提出断言以迫使属性呈现特定的值的查询），已达到评估实例化查询与授权视图的相容性。第5章中提出的方法在一个高水平运算，提出一个整体的数据模型，能够表征视图，并且在一个更抽象的层次专注于数据集成场景。

主权加入[3]代表了安全信息共享的又一个有趣的解决方案。该方法基于安全协处理器，它参与查询执行，采用加密来保证隐私。主权加入的优点是扩展了在我们提出的情形下允许执行的计划；主要障碍是计算成本高，由于使用了特定的非对称加密原语，这使它们在必须结合敏感信息的大集合时不适用。

2.9 小结

数据库外包日益成为一种新兴的数据管理模式，这种模式带来了许多研究挑战。本章中，我们着重关注了与查询执行和访问控制实施相关的问题的解决方案。对于查询执行，我们讨论了不同的索引方法，这些方法主要集中在支持具体种类的查询和最小化查询执行中客户端的负担，提出了一个分裂方法以减少加密，提高查询执行性能。访问控制实施对DAS情形来说是相对较新的问题，尚未得到深入研究。在外包加密数据的访问控制实施方面，最重要的方案是基于选择加密和密钥派生策略。最后，当外包数据分布在不同的服务器上时，评估查询需要各服务器深层次的合作以及制约合作方数据交换的机制。这一问题已在基于访问模式概念的方案中得到解决。

在本书后面的内容中，我们会更深入地分析访问控制，提出基于选择加密的新机制，我们也会针对如何动态管理访问控制更新这一众所周知的问题研究解决方案。我们也会关注减少加密分裂的用法，尽量克服文献[2]中提出的方案的局限。同时，我们也会解决分布式数据查询的相关问题，以简便有力的方式对授权数据流进行建模。

第3章 执行访问控制的选择性加密[1]

现在,数据外包作为一个非常成功的案例出现,它使得用户和公司能利用外部服务来进行资源分发。在本章中,主要解决了一个关键问题,关于选择性授权策略的执行以及支持动态方案中的策略更新。

本章我们对访问控制的实施和对其更新的管理提出了一个新的解决方法。传统的加密方法会阻止第三方访问那些本来有权限访问的信息,因为它会控制其传输渠道或者能读取存储信息。我们的提议是以选择性加密的应用为基础,作为一种实施授权的工具。这里所提出的模型则是对于有效地管理策略更新、限制使用代价高的重加密技术的第一个解决模型。

3.1 引言

许多人在很多年前预测因特网用户会在短时间内利用无处不在的高宽带网络连接来激活他们的服务器,而与之相反的是,现在的用户越来越频繁地诉诸于服务提供商,以传输并共享他们所要公开的内容。

需要被存储和广泛分布的数字信息的总量持续性增长,以及一直在增加的存储容量,使以下观点得到支持,即由服务提供商来负责存储以及对其他人所产生的内容进行有效地、可靠地分发,从而实现大规模的数据外包结构。而当我们看到像YouTube、Flickr、Blogger、MySpace以及许多其他的社交网络环境的成功时,这一重要趋势变得尤为明显。

---

[1]本章部分内容出现在由S. De Capitani di Vimercati, S. Foresti, S. Jajodia, S. Paraboschi和P. Samarati完成,并发表在ACM Transactions on Database Systems (TODS), Vol.35:2, April, 2010的论文"Encryption Policies for Regulating Access to Outsourced Data"[44]中,© 2010 ACM, Inc. 经许可后转载至http://doi.acm.org/10.1145/1735886.1735891。

当存储和分配不涉及可公开传输的内容时，就必须实施选择性的访问方法。在本书中，数据所有者要求数据不被泄漏给服务提供商，即服务提供商不被允许访问对象内容，尽管它能够诚实正确地执行对象分配功能。

将对象管理外包给诚实但好奇的服务器这一问题最近受到了研究领域的广泛关注，并取得了一些有效的进展。这些不同的提议要求数据所有者在将数据外包给远程服务器之前，对数据进行加密。大部分方案假设数据仅被一个单独的密钥加密[24,55,58]。在这样一种情况下，要么假设授权用户可以有数据的完整视图，要么如果给不同用户提供不同视图，数据所有者需要参与查询的执行以过滤服务提供商所计算的结果。

对访问控制与加密的结合只取得了相对有限的研究成果。从事访问控制的研究人员注意到这样两个概念事实上有一些细微的不同，这服从策略与原理分开的原则。对于信息保护而言，传统的做法是运用加密的原理，而访问控制的重点在于表示策略的方法和模型。虽然将基于授权的访问控制与加密保护分离开来是非常有利的，我们认为在数据外包情形中这样的结合能证明成功。

我们在这一章提出了一个方法来合并权限和加密，并将数据与访问控制外包。该方法最大的好处是，当指定一策略时，数据所有者无须参与该策略的执行。数据所有者此时仅定义访问权限并生成相应的加密密钥，调整对敏感数据的保护。为了赋予用户不同的访问权限，数据所有者所要做的是确保每个用户计算出正确的解密密钥集，使他可以访问其被授权访问的内容。

对不同对象使用不同加密密钥的思想本身并不新颖[12,70,79,94]，但是在外包情形中应用这种思想却引入了一些新的挑战。首先，我们想要定义一个方法来为每个用户生成并分配一个单独的加密密钥，并且支持快速安全导出用户被授权的且需要访问的数据集合的密钥集。我们的基本方法满足这个要求，且独立于任何特殊的数据模型，它同样不依赖任何具体的授权语言，这是因为将访问控制策略转化为一个密钥生成方案对数据所有者是完全透明的。

在基础模型上，我们提出了一个两层的执行选择性加密的方法，而且在每次授权策略变化时，数据所有者无须对对象进行重加密。数据所有者在初始化时间（当发出数据进行外包时）应用第一层加密。考虑到动态的策略变化的情形，由服务器执行第二层加密。直观地说，除了外包存储和传输外，两层加密还允许所有者外包授权策略管理，而不向服务提供商泄漏其数据。

最后，我们描述了不同用户不同的对象视图，以及由于动态策略变化而产生的潜在信息泄漏的危险。该研究使我们得到这样一个结论：当存在这样的泄漏风险时，该风险是可以被确认的。这使得所有者可以在设计时解决该问题并使其达到最小化。

我们的方法一个重要的优点在于它并未取代当前的提议[35,55,58]，而是对其进行补充，使它们能够支持选择性加密且很容易地执行动态策略变化。

3.1.1 章节概要

本章余下部分内容如下。3.2节提出了本书以后会用到的关于关系数据库的基本概念。3.3节介绍了以选择性加密与密钥衍生技术为基础的访问控制系统。3.4节引进了最小加密策略的定义并说明计算最小加密策略问题是NP困难的，而3.5节提出了一个在多项式时间内解决该问题的启发式算法。3.6节介绍了前面引入的模型中能够有效实施策略更新的一个解决方法。3.7节在两层加密基础上提出了一个对于无须重加密而进行策略更新的解决方案。3.8节描述了该情形中策略更新的管理。3.9节介绍了数据泄漏的合谋风险的评估。3.10节介绍了为计算一个最小加密策略而提出的启发式算法的实验结果。最后，我们在3.11节对本章进行了总结。

3.2 关系模型

为了简便，在本书中的余下部分，我们仅讨论著名的关系数据库模型，而且这里所作出的讨论和结果也适用于其他模型（如XML）。我们还注意到将重点放在关系数据库并不能成为一个局限。首先，当前的关系数据库技术支配着大部分情形中的数据管理。在这些情形中，敏感信息的集合必须在网络上整合，即使一个系统利用Web技术提供对数据的访问，而系统所提供的数据可以从一个关系数据库中提取，而且在底层的关系结构方面，访问策略的描述提供了高度的灵活性。其次，对于基于Web技术的综合解决方案，尤其是依赖使用Web服务的系统，一般可以按照一个关系表示来模拟输出数据的结构，且在这种情形中，按照我们的模型，一个访问策略的描述而不是使用一个关于服务调用的策略描述会更强健、灵活地识别出应用的安全性要求。

3.2.1 基本概念和符号

我们使用关系数据库模型的标准符号。令 $\mathscr{A}$ 表示一个属性集合，$\mathscr{D}$ 表示一个域集合。在模式层，一个关系由名字 R 和一个属性集合 $\{a_1,...,a_n\}$ 描述，其中的每一个 a_i 定义在域 $D_i \in \mathscr{D}, i=1,...,n$ 上。$R(a_1,...,a_n)$ 表示属性集合 $\{a_1,...,a_n\}$ 上的一个关系模式；$R.*$ 表示关系中的属性集合 $\{a_1,...,a_n\}$。在模式层，一个数据库由一个名字 $\mathscr{R}$ 和一个关系模式集合 $\{R_1,...,R_m\}$ 表示。在实例层，模式 $R(a_1,...,a_n)$ 上的一个关系 r 是 $\{a_1,...,a_n\}$ 上的一个元组集合。属性集合 $\{a_1,...,a_n\}$ 上的一个元组 t 是将每个属性 a_i 与一个值 $v \in D_i$ 联系起来的一个函数。给定一个属性 a 和一个属性集合 A，$t[a]$ 表示属性 a 在 t 中的值，$t[A]$ 表示由 A 中所有属性值构成的子元组。

每个关系有一个主密钥，且它是一个属性或属性集，这唯一定义了关系中的每一个元组。给定一个关系 R_i，$K_i \subseteq R_i.*$ 表示 R_i 的主密钥属性。主密钥不能假设为NULL值，且对于该主密钥，关系中的两个元组不能假定为相同的值。后面的这个条件意味着一个关系的主密钥和关系中任意其他属性间存在函数依赖（functional dependency）。给定一关系 $R(a_1,...,a_n)$ 和属性 $\{a_1,...,a_n\}$ 的两个非空子集 A_i, A_j，如果 r 的每一对元组 t_l, t_m 在属性 A_i 上有相同的值，那么在属性 A_j 上也具有相同的值。不失一般性，我们假设仅由主密钥给出的函数依赖在关系中成立。该假设并不会限制我们方案的适用性，这是因为它与一般的数据库模式要求相似，即该关系满足Boyce-Codd范式（BCNF），并避免了更新操作中的冗余和负效应。我们通过运用合适的分解程序[49]来达到这一点。

关系 R_i 的主密钥 K_i 同样可以出现在另一关系 R_j 中，更确切地说，该主密钥可以被另一个关系 R_j 的属性集合 FK_j 引用。在这种情形中，FK_j 称为外键（foreign key），仅能赋予在实例 R_i 中 K_i 出现的值，这一点由下面的参照完整性约束定义描述。这里为了简便，我们假设外键为非NULL值。

定义3.1（参照完整性） 给定两个关系模式 $R_i, R_j \in \mathscr{R}$ 以及一个属性集合 $FK_j \subseteq R_j.*$，则存在一个从 FK_j 到 K_i 的参照完整性约束，当且仅当对于 R_i 任何可能的实例 r_i 和对于 R_j 任何可能的实例 r_j，对 $\forall t_j \in r_j$ 存在一个元组 $t_i \in r_i$，使得 $t_j[FK_j] = t_i[K_i]$。

接下来我们用 $\langle FK_j, K_i \rangle$ 表示 FK_j, K_i 间的参照完整性约束，并且用 $\mathscr{I}$ 表示定义在 $\mathscr{R}$ 上的所有引用完整性约束集合。

3.3 访问控制与加密策略

对于2.2节中所描述的数据外包场景，我们给出了一个形式化模型来表示访问控制与加密策略，并给出了一个用户计算加密密钥所必需的公开目录，该密钥是用户访问数据和与服务器交互所必需的。

3.3.1 访问控制策略

我们假定数据所有者定义了一个恰当的访问控制策略来控制对分布式内容的访问，并且是按照不同粒度（如一个对象可能是一个单元、元组、属性，甚至是一个关系）定义的，而无须对后面所提到的模型进行调整，该模型假设每个元组表示一个不同的对象。与所描述的场景相一致的是，我们假定用户对外包对象的访问是只读的，而可写操作在所有者端进行（一般由所有者自己来完成）。通过加密执行的授权形式为⟨用户，对象⟩[2]。给定一个用户集合$\mathcal{U}$和一个对象集合（如资源）$\mathcal{O}$，我们在$\mathcal{U}$和$\mathcal{O}$上定义如下的授权策略。

定义3.2（授权策略） 令$\mathcal{U}$和$\mathcal{O}$分别表示系统中的用户集和对象集。$\mathcal{U}$和$\mathcal{O}$上的一个授权策略，记为$\mathcal{A}$，是一个元组$\langle \mathcal{U}, \mathcal{O}, \mathcal{P} \rangle$，其中，$\mathcal{P}$是形式为$\langle u, o \rangle$的授权集合，且$u \in \mathcal{U}, o \in \mathcal{O}$。该策略声明了被允许的访问。

可以用一个访问矩阵$\mathcal{M}_\mathcal{A}$来表示授权集合，每个用户$u \in \mathcal{U}$对应一行，每个对象$o \in \mathcal{O}$对应一列[84]。如果u可以访问o，则令$\mathcal{M}_\mathcal{A}[u,o] = 1$，否则为0。给定集合$\mathcal{U}$和$\mathcal{O}$上的一个访问矩阵$\mathcal{M}_\mathcal{A}$，$acl(o)$表示$o$的访问控制表（如能访问$o$的用户集合）。

我们将用一个有向二部图$\mathcal{G}_\mathcal{A}$来模拟授权策略，且每个用户$u \in \mathcal{U}$和对象$o \in \mathcal{O}$均对应一个顶点，每个要被执行的许可$\langle u,o \rangle \in \mathcal{P}$对应一条从$u$到$o$的边。由于用到了图论对问题和解决办法建模，所以明确地给出$\mathcal{G}_\mathcal{A}$的定义，如下所示。

定义3.3（授权策略图） 令$\mathcal{A} = \langle \mathcal{U}, \mathcal{O}, \mathcal{P} \rangle$是一个授权策略。$\mathcal{A}$上的授权策略图，记为$\mathcal{G}_\mathcal{A}$，是一个图$\langle V_\mathcal{A}, E_\mathcal{A} \rangle$，其中，$V_\mathcal{A} = \mathcal{U} \cup \mathcal{O}$，$E_\mathcal{A} = \{(u,o) : \langle u,o \rangle \in \mathcal{P}\}$。

在下文中，我们将用$\xrightarrow{\mathcal{A}}$表示图$\mathcal{G}_\mathcal{A}$中顶点的可达性。因此，我们不加区别地用$u \xrightarrow{\mathcal{A}} o$和$\langle u,o \rangle \in \mathcal{P}$来表示按照策略$\mathcal{A}$，用户$u$被授权访问对象$o$。

---

[2]为了简单起见，我们不处理许可为群用户和群对象的情况。我们的方法支持动态群，因此可以归入任何静态定义的群。

容易看出，访问矩阵$M_\mathcal{A}$与授权策略图$\mathcal{G}_\mathcal{A}$的邻接矩阵[3]相对应。图3.1 说明了一个有6个用户、9个对象和26个许可的授权策略的例子，并给出了访问矩阵与相应的授权策略图。

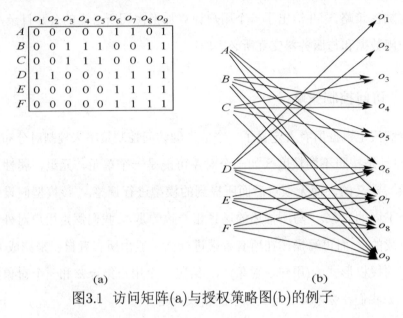

图3.1 访问矩阵(a)与授权策略图(b)的例子

3.3.2 加密策略

我们的目的是借助于合适的对象加密和密钥分配给出授权策略。出于效率的原因，我们假设采用对称加密。达到我们目的的一个直观的方法是用不同的密钥加密每个对象并为每个用户分配一个用于加密他能够访问的对象的密钥集。该解决方案显然是不可接受的，因为它要求每个用户所管理的密钥数量与他被授权可访问的对象数量一样多。

为使用户避免存储并管理大量密钥K_i，我们运用了一个密钥衍生方法。在所有的密钥衍生方法中，文献[8]中提出了一个方法，使在授权策略变化时必须要使得重加密与重新生成密钥的数量达到最小化。该方法是以公开令牌（public token）的定义和计算为基础的。令$\mathcal{K}$是系统中的对称加密密钥集。给定$\mathcal{K}$中的两个密钥k_i和k_j，令牌$t_{i,j}$定义为$t_{i,j} = k_j \oplus h(k_i, l_j)$，其中$l_j$是与$k_j$相关的一个公开有效的标签，$\oplus$是异或运算符，$h$是一个确定的密码函数。公开令牌$t_{i,j}$的存在允许知道$k_i$的用户通过令牌$t_{i,j}$和公共标签$l_j$推导出$k_j$。由于密钥需要保密，且令牌

---

[3]由于图为双向图和有向图，我们考虑在邻接矩阵中将行和列分别与用户和对象相对应。

是公开的,所以令牌的使用极大简化了密钥的管理。通过令牌来生成密钥可以用在链上,即一个令牌链是这样的一个令牌序列$t_{i,l} \ldots t_{n,j}$,使得仅当$b = c$,$t_{a,b}$后面正好是$t_{c,d}$。

使用令牌的一个主要优势在于它们是公开的,并允许用户衍生出多个加密密钥,但是不得不为单个密钥的情形而烦恼。利用令牌,发布给每个用户一个单一密钥$k_i \in K$和公开一个允许(直接或间接)生成所有密钥$k_j \in K, j \neq i$的令牌集,等价于将一个密钥集$K = \{k_1, \ldots, k_n\}$发布给一个用户。接下来,我们用$\mathscr{K}$表示系统中的对称密钥集,用$\mathscr{T}$表示系统中定义的令牌集,$\mathscr{L}$表示$\mathscr{K}$中密钥的标签集以用于计算$\mathscr{T}$中的令牌。

由于令牌是公开信息,我们假定将其存储到远程服务器上(像加密的数据一样),所以任何用户均能访问它们。我们将密钥间的关系通过令牌建模为允许通过一个称为密钥令牌图(key and token graph)的图从一个密钥衍生出另一个密钥。对于表示密钥k和相应的标签l的每个对$\langle k, l \rangle$,这个图都有一个顶点。如果存在一个令牌$t_{i,j}$可以从k_i导出k_j,则存在一条从顶点$\langle k_i, l_i \rangle$到顶点$\langle k_j, l_j \rangle$的边。该图的形式化定义如下所示。

定义3.4(密钥令牌图) 令$\mathscr{K}$为密钥集,$\mathscr{L}$是一个公开有效的标签集,$\mathscr{T}$是定义在它们上的令牌集。$\mathscr{K}, \mathscr{L}, \mathscr{T}$上的一个令牌图($\langle V_{\mathscr{K},\mathscr{T}}, E_{\mathscr{K},\mathscr{T}} \rangle$)表示为$\mathscr{G}_{\mathscr{K},\mathscr{T}}$,其中$V_{\mathscr{K},\mathscr{T}} = \{\langle k_i, l_i \rangle : k_i \in \mathscr{K}, l_i \in \mathscr{L}\}$是$k_i$的标签;$E_{\mathscr{K},\mathscr{T}} = \{(\langle k_i, l_i \rangle, \langle k_j, l_j \rangle) : t_{i,j} \in \mathscr{T}\}$。

密钥和令牌的图形表示很好地体现出了存在于密钥间的衍生关系,这种关系对应密钥令牌图中的路径,要么由单个令牌直接体现出来,要么由一串令牌间接表现出来。

令牌的定义让我们很容易做出这样的假设,即可以给每个用户仅分发一个密钥,且对每个对象用一个密钥加密。注意这些并未简化或限制任何假设,这正是要加到我们的方案上的,以达到令人满意的效果。我们还要求该方案在下列假设下运行。

假设3.1 每个对象仅用一个密钥加密。每个用户只能得到一个密钥。

我们还假设可以通过与之相关的标签来唯一区分每个密钥。一个密钥分配与加密方案ϕ决定了分发给用户的密钥的标签和用于加密的密钥的标签,定义如下:

定义3.5(密钥分配与加密方案) 令$\mathscr{U}, \mathscr{O}, \mathscr{K}, \mathscr{L}$分别表示系统中的用户、对象、密钥和标签的集合。$\mathscr{U}, \mathscr{O}, \mathscr{K}, \mathscr{L}$上的密钥分配和加密方案是一个函

数 $\phi: \mathscr{U} \cup \mathscr{O} \longrightarrow \mathscr{L}$，该函数将每个用户 $u \in \mathscr{U}$ 与标签 $l \in \mathscr{L}$ 联系起来，其中 k 可以确定 $\mathscr{K}$ 中发给用户的（单个）密钥，并将每个对象 $o \in \mathscr{O}$ 与标签 $l \in \mathscr{L}$ 联系起来，该标签标识用于加密对象的 $\mathscr{K}$ 中的（单个）秘钥 k。

定义3.6（加密策略） 令 $\mathscr{U}, \mathscr{O}$ 分别表示系统中的用户集和对象集。$\mathscr{U}, \mathscr{O}$ 上的加密策略 $\mathscr{E}$ 为一个六元组 $\langle \mathscr{U}, \mathscr{O}, \mathscr{K}, \mathscr{L}, \phi, \mathscr{T} \rangle$，其中 $\mathscr{K}$ 是系统中定义的密钥集，$\mathscr{L}$ 是相应的标签集，ϕ 是密钥分配和加密方案，$\mathscr{T}$ 是定义在 $\mathscr{K}$ 和 $\mathscr{L}$ 上的令牌集。

该加密策略可以很容易地表示为一个图，该图由一个密钥令牌图扩展而成，对于每个用户和对象，图中都会有一个顶点与之对应，且增加一条从各个用户 u 到顶点 $\langle k, l \rangle$ 的边，使得 $\phi(u) = l$。增加一条从各个顶点 $\langle k, l \rangle$ 到各个对象 o 的边使得 $\phi(o) = l$。我们可以将加密策略图想象成一个由 $\mathscr{G}_{\mathscr{A}}$ 和 $\mathscr{G}_{\mathscr{K}, \mathscr{T}}$ 合成的图。这里并不是直接地将每个用户 u 与他所能访问的每个对象 o 连接起来。我们通过一个使得 $l_i = \phi(u)$ 成立的顶点 $\langle k_i, l_i \rangle$ 和使得 $l_j = \phi(o)$ 成立的顶点 $\langle k_j, l_j \rangle$ 以及一串密钥/令牌来连接它们。加密策略图的形式化定义如下所示。

定义3.7（加密策略图） 令 $\mathscr{E} = \langle \mathscr{U}, \mathscr{O}, \mathscr{K}, \mathscr{L}, \phi, \mathscr{T} \rangle$ 是一个加密策略。$\mathscr{E}$ 上的加密策略图，记为 $\mathscr{G}_{\mathscr{E}}$，是一个图 $\langle V_{\mathscr{E}}, E_{\mathscr{E}} \rangle$，其中：

- $V_{\mathscr{E}} = V_{\mathscr{K}, \mathscr{T}} \cup \mathscr{U} \cup \mathscr{O}$；
- $E_{\mathscr{E}} = E_{\mathscr{K}, \mathscr{T}} \cup \{(u, \langle k, l \rangle) : u \in \mathscr{U} \wedge l = \phi(u)\} \cup \{(\langle k, l \rangle, o) : o \in \mathscr{O} \wedge l = \phi(o)\}$，

其中，$V_{\mathscr{K}, \mathscr{T}}$，$E_{\mathscr{K}, \mathscr{T}}$ 见定义3.4，即 $V_{\mathscr{K}, \mathscr{T}} = \{(\langle k_i, l_i \rangle : k_i \in \mathscr{K} \wedge l_i \in \mathscr{L}\}$ 是 k_i 的标签，且 $E_{\mathscr{K}, \mathscr{T}} = \{(\langle k_i, l_i \rangle, \langle k_j, l_j \rangle) : t_{i,j} \in \mathscr{T}\}$。

图3.2给出了一个加密策略图的例子，其中，虚边表示密钥分配与加密方案（函数 ϕ），实边表示令牌（设为 $\mathscr{T}$）。

接下来，我们用 $\xrightarrow{\mathscr{E}}$ 表示图 $\mathscr{G}_{\mathscr{E}}$（如 $A \xrightarrow{\mathscr{E}} o_6$）中顶点的可达性。由令牌的定义可知，用户能检索（通过他自己的密钥与公开的令牌集）从标签为 $l = \phi(u)$ 的顶点中可达顶点的所有密钥。按照加密策略，用户可访问的对象全都是加密策略图 $\mathscr{G}_{\mathscr{E}}$ 中从 u 可达的点。我们的目的则是将授权策略 $\mathscr{A}$ 转化为一个等价的加密策略 $\mathscr{E}$。这意味着 $\mathscr{A}, \mathscr{E}$ 允许完全相同的访问，形式化定义如下所示。

定义3.8（策略等价性） 令 $\mathscr{A} = \langle \mathscr{U}, \mathscr{O}, \mathscr{P} \rangle$ 和 $\mathscr{E} = \langle \mathscr{U}, \mathscr{O}, \mathscr{K}, \mathscr{L}, \phi, \mathscr{T} \rangle$ 分别表示一个授权策略和一个加密策略。$\mathscr{A}$ 和 $\mathscr{E}$ 是等价的，表示为 $\mathscr{A} \equiv \mathscr{E}$，当且仅当下列条件成立时：

- $\forall u \in \mathscr{U}, o \in \mathscr{O} : u \xrightarrow{\mathscr{E}} o \Rightarrow u \xrightarrow{\mathscr{A}} o$；
- $\forall u \in \mathscr{U}, o \in \mathscr{O} : u \xrightarrow{\mathscr{A}} o \Rightarrow u \xrightarrow{\mathscr{E}} o$。

第3章 执行访问控制的选择性加密   37

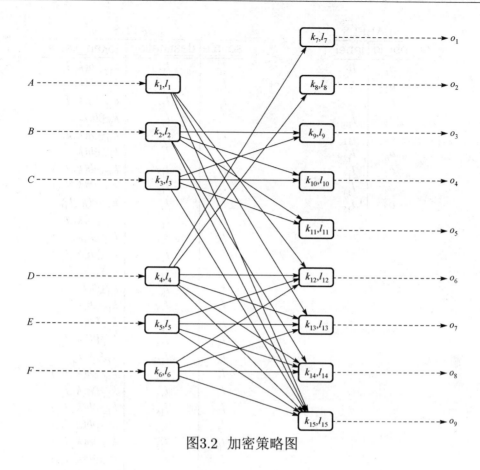

图3.2 加密策略图

例如,我们很容易看出图3.1中的授权策略与图3.2 中的加密策略图所表示的加密策略是等价的,如图3.3所示。

3.3.3 令牌管理

为了使用户能够访问外包数据, 加密策略$\mathcal{E}$的一部分必须是公开有效的,且被存储到服务器端。 加密策略$\mathcal{E}$唯一不能公开的部分是密钥集$\mathcal{K}$, 而其他可以公开的部分并不会危害对外包数据的保护。 令牌集$\mathcal{T}$、 标签集$\mathcal{L}$以及$\mathcal{O}$上的密钥分配和加密方案$\phi(o)$可以以目录的形式存储在服务器上。 该目录由两张表构成,即标签(LABELS)和令牌(TOKENS)。 表格LABELS与$\mathcal{O}$上的密钥分配和加密方案ϕ相对应。 对于$\mathcal{O}$中的每个对象o, 表格LABELS会维护标识符o(属性obj_id)与标签$\phi(o)$(属性label)间的相关性, 标签$\phi(o)$与用于加密o的密钥相关。 表格TOKENS 与令牌集$\mathcal{T}$有关。 对于$\mathcal{T}$中的每个令牌$t_{i,j}$, 表格TOKENS包含由三个属性组成的一个元组, 即source和destination分别是与k_i, k_j相关的标签l_i, l_j,

LABELS		TOKENS		
obj_id	label	source	destination	token_value
o_1	l_7	l_1	l_{12}	$k_{12} \oplus h(k_1, l_{12})$
o_2	l_8	l_1	l_{13}	$k_{13} \oplus h(k_1, l_{13})$
o_3	l_9	l_1	l_{15}	$k_{15} \oplus h(k_1, l_{15})$
o_4	l_{10}	l_2	l_9	$k_9 \oplus h(k_2, l_9)$
o_5	l_{11}	l_2	l_{10}	$k_{10} \oplus h(k_2, l_{10})$
o_6	l_{12}	l_2	l_{11}	$k_{11} \oplus h(k_2, l_{11})$
o_7	l_{13}	l_2	l_{14}	$k_{14} \oplus h(k_2, l_{14})$
o_8	l_{14}	l_2	l_{15}	$k_{15} \oplus h(k_2, l_{15})$
o_9	l_{15}	l_3	l_9	$k_9 \oplus h(k_3, l_9)$
		l_3	l_{10}	$k_{10} \oplus h(k_3, l_{10})$
		l_3	l_{11}	$k_{11} \oplus h(k_3, l_{11})$
		l_3	l_{15}	$k_{15} \oplus h(k_3, l_{15})$
		l_4	l_7	$k_7 \oplus h(k_4, l_7)$
		l_4	l_8	$k_8 \oplus h(k_4, l_8)$
		l_4	l_{12}	$k_{12} \oplus h(k_4, l_{12})$
		l_4	l_{13}	$k_{13} \oplus h(k_4, l_{13})$
		l_4	l_{14}	$k_{14} \oplus h(k_4, l_{14})$
		l_4	l_{15}	$k_{15} \oplus h(k_4, l_{15})$
		l_5	l_{13}	$k_{12} \oplus h(k_5, l_{12})$
		l_5	l_{14}	$k_{13} \oplus h(k_5, l_{13})$
		l_5	l_{15}	$k_{14} \oplus h(k_5, l_{14})$
		l_5	l_{15}	$k_{15} \oplus h(k_5, l_{15})$
		l_6	l_{12}	$k_{12} \oplus h(k_6, l_{12})$
		l_6	l_{13}	$k_{13} \oplus h(k_6, l_{13})$
		l_6	l_{14}	$k_{14} \oplus h(k_6, l_{14})$
		l_6	l_{15}	$k_{15} \oplus h(k_6, l_{15})$

图3.3 图3.2中表示的加密策略目录

而token_value是由$t_{i,j} = k_j \oplus h(k_i, l_j)$计算得到的令牌值。图3.3给出了与图3.2中加密策略相对应的表格LABELS和TOKENS。注意，关于$\mathscr{U}$上密钥分配与加密方案$\phi(u)$的信息并不需要被外包，这是因为每个用户均知道与其密钥相关的标签。

每当一个用户要访问对象o时，他都会用自己的密钥k查询目录来追踪一串令牌，使得用户获得该对象的密钥。图3.4给出了一个算法，其输入为一个对象标识符o、u的一个密钥k及其标签$\phi(u)$，该算法会计算出一个用于加密对象o的密钥k_{dest}。这个算法基本由两步组成。

第一步由服务器执行，包括运行函数**FindPath**，即给定一个标签$\phi(u)$和一个对象o，通过查表TOKENS检索从$\phi(u)$到$\phi(o)$的最短令牌链。函数**FindPath**首先通过查询LABELS表确定$\phi(o)$，然后通过一个最短路径算法（运行在DAGs上的一个Dijkstra的改进版本），计算出密钥令牌图中的最短路径。该最短路径算法利用到了顶点的拓扑顺序。该函数随后建立一个从$current = \phi(o)$到$\phi(u)$的反向路径。在每次 **while** 循环中，该函数会使用pred[current]，这里的pred[current]是一个数组，表示在计算过的那些路径中包含current顶点的上一级标签，并在TOKENS中的令牌上增加一个从pred[current]到current的栈链。

第二步由客户端计算，包括密钥的生成阶段。根据 **FindPath** 返回在栈链中存储的（非空）令牌链，并且以计算对象的加密密钥作为结束。例如，考虑图3.3中的目录并假设C想要访问o_4，其中$\phi(C) = l_3$。函数 **FindPath** (l_3, o_4)首先会查询表格LABELS得到对象o_4的标签，其中$\phi(o_4) = l_{10}$，然后再找出从l_3到l_{10}的最短路径。返回的链仅由一个令牌构成，它与表格TOKENS的元组$(l_3, l_{10}, k_{10} \oplus h(k_3, l_{10}))$相关。该算法随后通过用户的私钥$k_3$和从链中得到的唯一令牌导出密钥$k_{10}$（如该密钥用于加密$o_4$）。

INPUT

object o to be accessed

user's key k

label $\phi(u)$ of the user's key

OUTPUT

key k_{dest} with which o is encrypted

MAIN

/*服务器端查询*/

$chain := \textbf{FindPath}(\phi(u), o)$

/*客户端计算*/

$k_{source} := k$

if $chain \neq \emptyset$ **then** /*用户u被授权访问o */

$t := \text{POP}(chain)$

repeat

    $k_{dest} := t[token\_value] \oplus h(k_{source}, t[destination])$

    $k_{source} := k_{dest}$

    $t := \text{POP}(chain)$

until $t = \text{NULL}$

return(k_{dest})

FINDPATH ($from, o$)

Let $t \in \text{LABELS} : t[obj\_id] = o$

$to := t[label]$

Topologically sort $V_{\mathcal{K},\mathcal{T}}$ in $\mathcal{G}_{\mathcal{K},\mathcal{T}}$

for each $v \in V_{\mathcal{K},\mathcal{T}}$ **do**

 $dist[v] := \infty$

 $pred[v] := \text{NULL}$

$dist[from] := 0$

for each $v_i \in V_{\mathcal{K},\mathcal{T}}$ **do** /*以拓扑顺序访问顶点*/

 for each $(v_i, v_j) \in E_{\mathcal{K},\mathcal{T}}$ **do** /*每个弧的权是1*/

  if $dist[v_j] > dist[v_i] + 1$ **then**

   $dist[v_j] := dist[v_i] + 1$

   $pred[v_j] := v_i$

$chain := \emptyset$

$current := to$

while $current \neq from \wedge current \neq \text{NULL}$ **do**

 Let $t \in \text{TOKENS} : t[source] = pred[current] \wedge t[destination] = current$

 $\text{PUSH}(chain, t)$

 $current := pred[current]$

if $current = \text{NULL}$ **then**

 return ($\emsilon$)

else

 return ($chain$)

图3.4 密钥推导过程

3.4 最小加密策略

  将一个授权策略$\mathcal{A}$转化为一个等价的加密策略$\mathcal{E}$的一个直接方法是让每个用户有一个不同的密钥, 用这些不同的密钥加密每个对象, 为每个授权$\langle u, o \rangle \in \mathcal{P}$生成一个令牌$t_{u,o}$并将其公开. 用这种方法转化图3.1中的授权策略, 从而得到了

图3.2中的加密策略图。 尽管这种方法看起来很简单，但这样的转化所生成的密钥数目与用户和对象的数目一样多，且令牌与许可数目在系统中一样多。 即使用户无须存储公开的令牌，但为每个许可生成并管理一个令牌在实际中仍然是不可行的。 事实上，每次访问加密对象，均需要对目录进行一次搜索（见3.3.3节）。因此令牌的总数对于访问远程存储数据的效率而言，是一个至关重要的因素。

那些拥有相同访问权限的用户群和用一个密钥加密每个对象的做法可以使上述方法得到改进，且该密钥与那些能够访问上述对象的用户集相关。 出于这个目的，我们可以利用由集合包含关系的偏序关系推导出用户集中的等级制度来生成一个加密策略图 $\mathcal{G_E} = \langle V_\mathcal{E}, E_\mathcal{E} \rangle$，且 $V_\mathcal{E} = V_{\mathcal{K,T}} \cup \mathcal{U} \cup \mathcal{O}$，其中 $V_{\mathcal{K,T}}$ 包含 $\mathcal{U}$ 中每个可能子集 U 的一个顶点。 $E_\mathcal{E}$ 包含：

- 每对顶点 $v_i, v_j \in V_{\mathcal{K,T}}$ 的一条边 (v_i, v_j) 使得由 v_i 表示的用户集 U_i 是 v_j 表示的用户集 U_j 的子集，且包含关系是直接的。
- 与每个用户 $u_i \in \mathcal{U}$ 相关的一条边 (u_i, v_i) 使得 $v_i \in V_{\mathcal{K,T}}$，且由 v_i 表示的用户集是 $\{u_i\}$。
- 与每个对象 $o_j \in \mathcal{O}$ 相关的一条边 (v_j, o_j) 使得 $v_j \in V_{\mathcal{K,T}}$，且由 v_j 表示的用户集是 $acl(o_j)$。

例如，我们考虑图3.1中定义在用户集 $\{A, B, C, D\}$ 上的部分授权策略。 图3.5解释了前面描述过的 $\{A, B, C, D\}$ 上的加密策略，其中每个顶点 v_i 标有记为 $v_i.acl$ 的一个用户集合。 有趣的是，我们注意到由 $V_{\mathcal{K,T}}$ 导出的子图具有 n 层图的特性，其中 n 是系统中用户的数目（如 $n = |\mathcal{U}|$）。 每层（称为level）包含所有的与其数目相同的那些用户所表示的顶点。 例如，在图3.5所示的加密策略图中，在一层的顶点是 v_1, v_2, v_3, v_4。 接下来，将 $v \in V_{\mathcal{K,T}}$ 的级表示为 $level(v) = |v.acl|$。

为图中每个顶点 $v \in V_{\mathcal{K,T}}$ 分配一个与密钥和标签相对应的对 $\langle v.key, v.label \rangle$，利用访问控制表（如对象 o_5 应该用表示 $\{B, C\}$ 的顶点相关的密钥加密）的相应顶点密钥加密每个对象，且通过为每个用户分配一个与图中表示用户的点相关密钥来执行授权策略。 这意味着该图的加密策略是，密钥集 $\mathcal{K}$、标签集 $\mathcal{L}$ 分别包含着与 $V_{\mathcal{K,T}}$ 中的顶点相关的所有密钥和标签。 我们的密钥分配与加密方案 ϕ 使得对每个用户 $u \in \mathcal{U}$，有 $\phi(u) = v.label$，其中 v 是表示该用户的顶点（如 $v.acl = \{u\}$），且对每个对象 $o \in \mathcal{O}$，有 $\phi(o) = v.label$；这里 v 表示 $acl(o_j)$（如 $v.acl = acl(o_j)$）的顶点。 最后对于 $E_\mathcal{E}$ 中的每条边 $(v_i, v_j), v_i, v_j \in V_{\mathcal{K,T}}$ 都有 $\mathcal{T}$ 中的一个令牌，使得从密钥 $v_i.key$ 可以导出密钥 $v_j.key$。

对于以前提到过的简单的解决方法而言，该办法的一个优点是一个密钥有可能用于加密多个对象。缺点是它可能会定义多于实际需要的密钥数，且需要在远程服务器上公开大量信息，这样会使得用户端的密钥衍生过程的代价变得非常高。例如，在图3.5的加密策略图中，顶点v_{10}对于执行授权策略毫无用处，因为它的密钥并未用来加密任何对象。这样的点只会增加存储在服务器上的表格TOKENS的规模，而不会带来任何好处。接下来我们感兴趣的是找出一个与给定授权策略等价的最小加密策略，并使服务器所要维持的令牌数目最小。

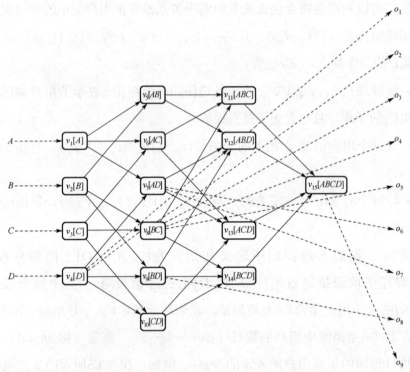

图3.5 $\{A, B, C, D\}$上的加密策略图

定义3.9（最小加密策略） 令$\mathscr{A} = \langle \mathscr{U}, \mathscr{O}, \mathscr{P} \rangle$和$\mathscr{E} = \langle \mathscr{U}, \mathscr{O}, \mathscr{K}, \mathscr{L}, \phi, \mathscr{T} \rangle$分别是一个授权策略和一个加密策略，使得$\mathscr{A} \equiv \mathscr{E}$，且$\mathscr{E}$是相对于$\mathscr{A}$最小的当且仅当$\nexists \mathscr{E}' = \langle \mathscr{U}, \mathscr{O}, \mathscr{K}', \mathscr{L}', \phi', \mathscr{T}' \rangle$使得$\mathscr{A} \equiv \mathscr{E}'$且$|\mathscr{T}'| \leqslant |\mathscr{T}|$。

给定一个授权策略$\mathscr{A}$，可能存在不同的最小加密策略，且我们的目的是计算其中的一个，所以我们给出下面的定义。

问题3.1（Min-EP） 给定一个授权策略$\mathscr{A} = \langle \mathscr{U}, \mathscr{O}, \mathscr{P} \rangle$，确定一个最小加密策略$\mathscr{E} = \langle \mathscr{U}, \mathscr{O}, \mathscr{K}, \mathscr{L}, \phi, \mathscr{T} \rangle$。

不幸的是，问题3.1被证明是NP困难的，所以我们给出了如下的定理。

定理3.1 最小EP问题是NP困难的。

证明 我们说该问题是NP困难的，因为它可以归约到最小集合覆盖问题，即给定一个全集$U_{set} = \{a_1,\ldots,a_n\}$以及它的一个子集合$\mathscr{S} = \{S_1,\ldots,S_m\}$，找出$\mathscr{S}$的最小子集$C$，使得$\cup_{i=1}^m S_i \in \mathscr{C} = U_{set}$。

给定一个全集U_{set}及其子集合$\mathscr{S}$，我们定义一个相应的多项式时间内的授权策略$\mathscr{A} = \langle \mathscr{U}, \mathscr{O}, \mathscr{P} \rangle$。对于$U_{set}$中的每一项$a_i$均有$\mathscr{U}$中的一个用户$u_i$与之对应。对于$\mathscr{S}$中的每个子集$S_j = \{a_{j,1},\ldots,a_{j,m_j}\}$都会有一个对象$o_j$且$acl(o_j) = S_j$，使得$acl(o_{j,k}) = \{a_{j,1},\ldots,a_{j,k}\}$。最后将一个更远的对象$o_\perp$加到$\mathscr{O}$中，这里$acl(o_\perp) = U_{set}$。

例如，令$U_{set} = \{A, B, C, D, E\}$，$\mathscr{S} = \{S_1 = \{A, B, C\}, S_2 = \{B, D\}, S_3 = \{B, D, E\}\}$，相应的授权策略有 5 个用户$A$，$B$，$C$，$D$，$E$。在开始时，分别将满足$acl(o_1) = \{A, B, C\}$，$acl(o_2) = \{B, D\}$，$acl(o_3) = \{B, D, E\}$的三个对象$o_1, o_2, o_3$加到$\mathscr{O}$中，使它们的后面分别是$o_{1,1}, o_{1,2}, o_{2,1}$，且分别满足$acl(o_{1,1}) = \{A\}$，$acl(o_{1,2}) = \{A, B\}$，$acl(o_{1,1}) = \{B\}$，这是因为副本都被移除。

与$\mathscr{A}$等价的加密策略$\mathscr{E} = \langle \mathscr{U}, \mathscr{O}, \mathscr{K}, \mathscr{L}, \phi, \mathscr{T} \rangle$由一个密钥和每个用户顶点的令牌图组成，这里用户自身已知密钥和每个acl值的顶点。密钥用于加密由acl表示的对象，因此图中会有一条从表示用户u的各个点到包含u的acl值所表示的点的路径。出于这个原因，除了使得$\phi(u) = v.label$的点v，每个点$v \in \mathscr{G}_{\mathscr{K},\mathscr{T}}$在图中（如令牌）必须有至少两条入边。特别地，这些令牌的起点必须覆盖v所表示的所有用户。根据结构，对于表示用户集$\{u_1,\ldots,u_k\}$的各个点，除了表示$\mathscr{U}$的点，会有一个点v'表示$\{u_1,...,u_{k-1}\}$，因此v被v'和表示$\{u_k\}$的点所覆盖。$\mathscr{T}$的最小加密策略是使得表示$\mathscr{U}$的点$v_\perp$中进入的令牌数目最小的加密策略，因为增加顶点并不会有任何好处。

从下面的Min-EP问题的解可以得到最小集合覆盖问题的解。对于终点为$v_\perp$的各个边$(v, v_\perp)$，v要么可以表示$\mathscr{U}$的一个子集，其中$\mathscr{U}$属于$\mathscr{S}$；要么不能表示它。对于后者，我们用表示$\mathscr{S}$中子集的最近后代来代替v。这样的一个构造一定存在，因为根据结构，我们生成另外的一些顶点，用来表示$\mathscr{S}$中的每项的唯一子集。因为$v_\perp$的直系父辈的集合表示$\mathscr{U}$的一个覆盖，则它们所表示的子集是U_{set}的一个最小集合覆盖。

我们接下来提出了一个启发式的方法来解决问题3.1。该方法试图降低用户在导出密钥时的代价，通过简化加密策略图，即删除不必要的点，同时保证了密钥衍生的正确性。另一个重要的内容是，除了那些涉及实施授权策略所需的顶点外，该图还包含其他那些有助于降低目录规模的点，即使这些点的密钥并不用来加密任何对象。我们现在来更加详细地讨论这两个基本观察。

3.4.1 顶点和边的选取

从前面的讨论中，我们注意到$V_{\mathcal{K},\mathcal{T}}$中的那些在实行授权时完全所需的点表示：① 单个的用户集，其密钥用于导出所有的其他密钥来解密用户能力中的对象；② 对象的acl，其密钥用来解密这些对象。

接下来我们将这些点表示为决定性的点（素材），必须以这样的一种方式在图中被连接起来；即每一个用户$u \in \mathcal{U}$能够推导出他所能访问的所有对象的密钥。这意味着加密策略图必须至少包含一条从v_i到决定性顶点v_j的路径，其中v_i表示用户u（使得$v_i.acl = \{u\}$的点v_i），而v_j满足$u \in v_j.acl$，因为我们的主要目的是使得由服务器管理的令牌数目最小，并且由于加密策略图中的每条边对应一个令牌，所以我们的问题在于连接决定性点以生成一个与给定授权策略等价的加密策略，而且它具有最少数目的边/令牌。为解决这个问题，我们注意到一个点的直系父辈一定会形成一个集合来覆盖它。

事实上，由于对每个用户u，加密策略图必须包含一条从表示u的点到使得$u \in v_j.acl$的所有点的路径，而且根据构造，存在一条(v_i, v_j)当且仅当$v_i.acl \subset v_j.acl$时，点v_j必有至少一个直系父辈v_k，使得$u \in v_k.acl$。与一个加密策略相应的加密策略图等价于一个给定的授权策略，满足下面的局部覆盖性。

定理3.2（局部覆盖性） 令$\mathscr{A}$是一个授权策略，$\mathscr{E}$是一个加密策略，如果它们是等价的，则$\mathscr{E}$上的加密策略图为$\mathscr{G}_{\mathscr{E}} = \langle V_{\mathscr{E}}, E_{\mathscr{E}} \rangle$且$V_{\mathscr{E}} = V_{\mathcal{K},\mathcal{T}} \cup \mathcal{U} \cup \mathcal{O}$，满足局部覆盖性，即$\forall v_i \in V_{\mathcal{K},\mathcal{T}}$且$|v_i.acl| > 1, v_i.acl = \bigcup_j \{v_j.acl : (v_j, v_i) \in E_{\mathscr{E}}\}$。

证明：由归纳法，我们证明$\forall v_i \in V_{\mathcal{K},\mathcal{T}}$均满足局部覆盖性。
- 根据定义，使得$|v_i.acl| = 1$的所有点v_i均被正确覆盖；
- 我们假设使得$|v_i.acl| \leqslant n$的所有v_i均被正确覆盖，现在我们证明使得$|v_i.acl| = 1 + n$的所有点v_j同样被正确覆盖。

根据定义，$\forall \langle u, R \rangle \in p, u \xrightarrow{\mathscr{E}} R$。即在$\mathscr{G}_{\mathscr{E}}$中存在一条从$u$到$R$的路径，这意味着存在一条从$v_i.acl = \{u\}$的点$v_i$到使得$v_j.acl = acl(R)$的点$v_j$的路径。因此存在一条边$(v, v_j) \in E_{\mathcal{K},\mathcal{T}}$使得$u \in v.acl$。而且根据构造有$v.acl \subseteq v_j.acl$，所以有$|v.acl| \leqslant n$。根据假设，$v$被正确覆盖，我们便得到$v_j$也被正确覆盖。

我们自上而下生成加密策略图，即从最高层的点开始直至最底层的点，对于 l 层的每个点 v，其可能的直系父辈在 $l-1$ 层的决定性点中被检索，接着是在 $l-2$ 层进行检索，直至与 v 直接相连的所有决定性点形成一个集合覆盖 v。该方法的原理在于通过先检索位于高层的顶点[4]，当我们按照其他方法来选取这样的顶点时，那些连接 v 的直系祖先数目与边数应该小于覆盖顶点 v 所需要的直系祖先数目。

例如，我们考虑图3.1中的授权策略。这里我们有10个决定性的顶点表示下列用户集合：$\{A\},\{B\},\{C\},\{D\},\{E\},\{F\},\{BC\},\{ADEF\},\{BDEF\},\{ABCDEF\}$。现在我们考虑表示 $\{ABCDEF\}$ 的决定性顶点，并假设计算一个集合来覆盖它，通过从给定的决定性顶点中选择合适的直系祖先。

如果我们运用前面提到的那种自下而上的方法，那么 $\{ABCDEF\}$ 可能的直系祖先要先在这样一些顶点中选取：第5层空集；第4层，这里可以选择两个决定性顶点（如 $\{ADEF\},\{BDEF\}$）来作为 $\{ABCDEF\}$ 的直系祖先；第3层空集；接下来是第2层，这里我们选择 $\{BC\}$。所以最后覆盖 $\{ABCDEF\}$ 的集合是 $\{\{ADEF\},\{BDEF\},\{BC\}\}$，这要求有3条边来连接覆盖那些表示 $\{ABCDEF\}$ 的点。覆盖 $\{ABCDEF\}$ 的另一个可能的集合是 $\{\{A\},\{B\},\{C\},\{D\},\{E\},\{F\}\}$，此时却需要6条边来覆盖。

该方法在计算出一个覆盖集合时会引入一些冗余的边。例如，对于前面的例子，因为我们在 $\{BC\}$ 之前先选取了 $\{ADEF\}$ 和 $\{BDEF\}$，所以很容易看到从表示 $\{BDEF\}$ 的点到表示 $\{ABCDEF\}$ 点的边是冗余的，这是因为 $\{BDEF\}$ 中的每个用户还是表示 $\{ABCDEF\}$ 点的另外两个直系祖先中的至少一个。这些冗余边会增加令牌数量，并且不会有助于授权策略的执行。我们接下来感兴趣的是计算出非冗余加密策略图，如下所示。

定义3.10（非冗余加密策略图） 令 $\mathscr{A} = \langle \mathscr{U}, \mathscr{O}, \mathscr{P} \rangle$ 表示一个授权策略，$\mathscr{E} = \langle \mathscr{U}, \mathscr{O}, \mathscr{K}, \mathscr{L}, \phi, \mathscr{T} \rangle$ 是一个与之等价的加密策略，则使得 $V_\mathscr{E} = V_{\mathscr{K},\mathscr{T}} \cup \mathscr{U} \cup \mathscr{O}$ 的 $\mathscr{E}$ 上的加密策略图 $\mathscr{G}_\mathscr{E} = \langle V_\mathscr{E}, E_\mathscr{E} \rangle$ 是非冗余的，如果 $\forall v_i \in V_{\mathscr{K},\mathscr{T}}, |v_i.acl| > 1, \forall (v_j, v_i) \in E_\mathscr{E}, \exists u \in v_j.acl : \forall (v_j, v_i) \in E_\mathscr{E}$，其中 $v_l \neq v_j, u \notin v_l.acl$。

3.5节将会更加详细地描述一个启发式算法来计算一个与给定授权策略等价的冗余加密策略图。

---

[4]由于这个自下而上的策略是我们用来解决NP困难问题的一个启发式方法，计算结果可能并不总是最优的。然而，我们将在3.10节看到这个启发式方法会产生好的结果。

3.4.2 顶点的分解

除了决定性的顶点，可以插入一些其他的顶点，只要它们能够减少目录中的令牌数量。 例如，考虑图3.1中的授权策略，尤其是表示$\{BDEF\}$和$\{ADEF\}$的两个决定性点。 覆盖这两个决定性点的集合只可能是那些包含单用户集合点的集合，这是因为不存在表示$\{BDEF\}$或$\{ADEF\}$子集的决定性点。 那么，需要8条边来连接覆盖$\{BDEF\}$和$\{ADEF\}$集合的点。

假设现在增加一个表示$\{DEF\}$的非决定性点。 在这种情形下，覆盖$\{ADEF\}$的集合是$\{\{DEF\},\{A\}\}$， 覆盖$\{BDEF\}$的集合是$\{\{DEF\},\{B\}\}$， 这分别需要四条边把它们和$\{BDEF\}$以及$\{ADEF\}$连接， $\{DEF\}$需要通过$\{\{D\},\{E\},\{F\}\}$来覆盖三条边， 与前面情形中的8条边相比，此时一共只需要7条边。

一般来说，每当有m个点$v_1,\ldots,v_m$共享，其中$n>2$时， 父系为$v'_1,\ldots,v'_n$，我们通过插入一个中间点v'可以很容易来分解这些平凡父系， 这里$v'.acl = \bigcup_{i=1}^{n} v'_i.acl$，并且很容易的可以连接各个点$v'_i(i=1,\ldots,n)$到$v'$，以及$v'$到$v_j(j=1,\ldots,m)$来节省目录中的令牌。

用这种方法，该加密策略图有$n+m$而不是nm条边来正确覆盖顶点$v_1,\ldots,v_m$。 这个例子中的优势也许并不是太明显， 但3.10节的试验表明该方法在复杂策略的方案中会有重大增益。

通过运用一个自下而上的方法，从最高层顶点开始到最下层的点， 以及通过比较各个时间的每对顶点，我们在加密策略图的构造中执行该分解算法。 这个自下而上的方法保证了添加到图中的任一顶点将会出现的层要比当前顶点对的层要低，因此当要分析某一层的顶点时，它将与图中其他的顶点进行比较。 为了限制要分析的顶点数量，我们仅考虑那些拥有至少一个共同直系父辈的顶点对。 文献[10]中的分析表明了考虑这些对是充分的，这极大地减少了比较的数量。

3.5 $\mathscr{A}2\mathscr{E}$算法

我们给出了一个启发式算法，用来计算最小加密策略，描述如下（见图3.6）。 该算法输入一个授权策略$\mathscr{A} = \langle \mathscr{U}, \mathscr{O}, \mathscr{P} \rangle$，返回一个与$\mathscr{A}$等价的加密策略$\mathscr{E}$，当然该策略满足定义3.10。 出于这个目的，该算法首先计算一个密钥和令牌图$\langle V_{\mathscr{K},\mathscr{T}}, E_{\mathscr{K},\mathscr{T}} \rangle$。

INPUT

authorization policy $\mathcal{A} = \langle \mathcal{U}, \mathcal{O}, \mathcal{P} \rangle$

OUTPUT

encryption policy $\mathcal{E}$ such that $\mathcal{A} \equiv \mathcal{E}$

MAIN

$V_{\mathcal{K},\mathcal{T}} := \emptyset$

$E_{\mathcal{K},\mathcal{T}} := \emptyset$

/∗初始化∗/

$ACL := \{acl(o) : o \in \mathcal{O}\} \cup \{\{u\} : u \in \mathcal{U}\}$

for $acl \in ACL$ **do**

    create vertex v

    $v.acl := acl$

    $v.label := \text{NULL}$

    $v.key := \text{NULL}$

    for each $u \in v.acl$ **do** $v.counter[u] := 0$

    $V_{\mathcal{K},\mathcal{T}} := V_{\mathcal{K},\mathcal{T}} \cup \{v\}$

/∗阶段1：覆盖没有冗余的顶点∗/

for $l := |\mathcal{U}| \ldots 2$ **do**

    for each $v_i \in \{v : v \in V_{\mathcal{K},\mathcal{T}} \wedge level(v) = l\}$ **do**

        CoverVertex $(v_i, v_i.acl)$

/∗阶段2：分解共同的祖先∗/

for $l := |\mathcal{U}| \ldots 2$ **do**

    for each $v_i \in \{v : v \in V_{\mathcal{K},\mathcal{T}} \wedge level(v) = l\}$ **do**

        Factorize (v_i)

/∗阶段3：生成加密策略∗/

GenerateEncryptionPolicy()

图3.6 计算与$\mathcal{A}$等价的加密策略$\mathcal{E}$的算法

随后通过计算令牌集$\mathscr{T}$以及定义密钥分配和加密方案ϕ来生成相应的加密策略。$V_{\mathscr{K},\mathscr{T}}$中的每个顶点$v$与下面4个变量相关：$v.key$表示点密钥，$v.label$表示与$v.key$相关的公开有效标签，$v.acl$表示能导出$v.key$的用户集合，$v.counter[\ ]$表示一个数组。对于$v.acl$中的每个用户$u$，该数组总有一个元素使$v.counter[u]$等于$v$的直系祖先的数目，其中$v$的acl包含用户$u$（正如我们将要看到的，这个信息将被用于检测冗余边）。

该算法通过生成决定性点以及对这些与它们相关的变量进行适当的初始化后开始运行。我们的算法在逻辑上分为三个阶段：① 覆盖点，即在图中增加一些边，使其同时满足本地覆盖（定理3.2）和非冗余性（定义3.10）；② 分解平凡祖先，即为了减少图中边的数目而添加一些非决定性的点；③ 生成加密策略。接下来，将详细地描述这三个阶段。

阶段1：覆盖点

为了使密钥、令牌图具有局部覆盖性和非冗余性，我们的算法从下而上运行，即它从$l = |\mathscr{U}|$层开始运行直至第2层，而且对于l层中的每个决定性的点v，都要执行**CoverVertex**程序（见图3.7）。**CoverVertex**程序的输入为与$v.acl$相对应的顶点v和一个用户集$tocover$。这个程序首先初始化两个局部变量：即将那些在图中所要添加的边所构成的集合$Eadded$初始化为空集；将表示v的候选直系祖先的级数l初始化为$level(v)-1$。

在最外层**while**循环的每次循环中，该程序计算l层的顶点集合V_l，其中l的acl是$v.acl$的一个子集，并且最内层的**while**循环检验是否存在V_l中的点能被v覆盖。出于这个目的，该程序从V_l中随机抽取一个顶点v_i，如果$v_i.acl$与$tocover$至少有一个共同的用户，则从$tocover$中删除在$v_i.acl$出现的用户集，并且添加一条边(v_i, v)到$Eadded$中。而且对于$v_i.acl$中的每个用户u，程序都会对$v.counter[u]$加1。当$tocover$变成空集或者V_l中的所有点都已经被程序处理过，这时最内层**while**循环终止。局部变量l随后减1，并重复该过程，直至$tocover$或V_l变成空集。

接下来程序检验$Eadded$中是否包含冗余边。对于$Eadded$中的每条边(v_i, v)，如果对于$v_i.acl$中的所有用户，都有$v.counter[u]$大于1（注意，$v.counter[u]$记录了v的祖先数目，其中v在它们的acl中包含用户u），那么边(v_i, v)是冗余的并且可以从$Eadded$中移除。在这种情形下，对于$v_i.acl$中的每个用户u，程序将$v.counter[u]$减1。随后将非冗余的边所构成的集合$Eadded$添加到$E_{\mathscr{K},\mathscr{T}}$中。

COVERVERTEX(v, tocover)

$Eadded := \emptyset$

$l := level(v) - 1$

/*为tocover中的用户找一个正确的覆盖*/

while $tocover \neq \emptyset$ **do**

    $V_l := \{v_i : v_i \in V_{\mathcal{K},\mathcal{T}} \wedge level(v_i) = l \wedge v_i.acl \subset v.acl\}$

    while $tocover \neq \emptyset \wedge V_l \neq \emptyset$ **do**

        extract v_i from V_l

        if $v_i.acl \cap tocover \neq \emptyset$ **then**

            $tocover := tocover \setminus v_i.acl$

            $Eadded := Eadded \cup \{(v_i, v)\}$

            for each $u \in v_i.acl$ **do**

                $v.counter[u] := v.counter[u] + 1$

    $l := l - 1$

/*删除多余的边*/

for each $(v_i, v) \in Eadded$ **do**

    if $(\nexists u : u \in v_i.acl \wedge v.counter[u] = 1)$ **then**

        $Eadded := Eadded \setminus \{(v_i, v)\}$

        for each $u \in v_i.acl$ **do**

            $v.counter[u] := v.counter[u] - 1$

$E_{\mathcal{K},\mathcal{T}} := E_{\mathcal{K},\mathcal{T}} \cup Eadded$

图3.7 覆盖material点与删除冗余边的过程

阶段2：分解Acls

我们从阶段1中得到了一个密钥、令牌图，保证每个用户能够导出其被授权访问的对象的密钥，目的是验证能否增加一些点来减少图中边的数目。出于此目的，该算法从下而上运行，即从$l = |\mathcal{U}|$层开始运行直至第2层，对于l层中的每个点v_i，该算法调用程序**Factorize**（见图3.8）。

对于每个点v_j，v_j与v_i（先用于循环）至少有一个共同的直系祖先，程序**Factorize**首先初始化两个局部变量：将$Eadded$和$Eremoved$初始化为空集，$Eadded$和$Eremoved$分别表示需要从图中添加和删除的边集。

接下来，**Factorize**会确定v_i、v_j的共同直系祖先集合$CommonAnc$。如果$CommonAnc$中至少有2个点，则说明v_i、v_j可以被一个覆盖它们的点v所分解，而不是被$CommonAnc$中的点所分解。根据$CommonAnc$中的点，如果点v不满足局部覆盖性，则v被覆盖。所以，从图中移除了$2|CommonAnc|$条边，但是却需要添加最多$2+|CommonAnc|$条边。**Factorize**计算$acls$中的联合U，其中$acls$与$CommonAnc$中的点相关。

程序接下来检验图中是否已经包含这样一个点v，其中$acl=U$，并且发现那些要在图中添加和删除的边集。可能会发生三种情形：第一种情形是，点v已经存在且不同于v_i,v_j。在$Eadded$中插入从v到v_i，从v到v_j的两条边，并且将$CommonAnc$的共同祖先到v_i,v_j的所有边插入到$Eremoved$中；第二种情形是点v与v_i（v_j）相同。此时算法会在$Eadded$中插入一条新的从v_i到v_j（从v_j到v_i）的边，并且在$Eremoved$中插入从$CommonAnc$中的共同祖先到v_j（v_i）的边；第三种情形是图中不存在v点，此时算法会生成一个新的点v'并将$v'.acl$初始化为U，将$v'.label, v'.key$初始化为NULL。随后将这个新点插入到图中，并且在$Eadded$中插入从$CommonAnc$中共同祖先到v'的边和从v'到v_i,v_j的两条边。这些从$CommonAnc$中的所有共同祖先到v_i,v_j的边却被插入到$Eremoved$中。对于$Eadded$和$Eremoved$中的所有边（v_l,v_h），该算法随后适当地更新变量$v_h.counter[u]$。最后，通过添加$Eadded$中的边以及移除$Eremoved$中的边来更新边集$E_{\mathcal{K},\mathcal{T}}$。

FACTORIZE(v_i)
for each $v_j \in \{v : \exists v_a, (v_a, v_i) \in E_{\mathcal{K},\mathcal{T}} \land (v_a, v) \in E_{\mathcal{K},\mathcal{T}}\}$ **do**
/*孩子v_i的直接祖先*/
    $Eadded := \emptyset$
    $Eremoved := \emptyset$
    $CommonAnc := \{v_a : (v_a, v_i) \in E_{\mathcal{K},\mathcal{T}} \land (v_a, v_j) \in E_{\mathcal{K},\mathcal{T}}\}$
    /*普通直接祖先*/
    if $|CommonAnc| > 2$ **then**

/*v_i和v_j创建一个新的普通祖先*/

$\quad U := \cup\{v_a.acl : v_a \in CommonAnc\}$

$\quad$ find the vertex $v \in V_{\mathcal{K},\mathcal{F}}$ with $v.acl = U$

$\quad$ **case** v **of**

$\quad\quad \neq v_i \wedge \neq v_j : Eadded := Eadded \cup \{(v,v_i),(v,v_j)\}$

$\quad\quad\quad$ **for each** $v_a \in CommonAnc$ **do**

$\quad\quad\quad\quad Eremoved := Eremoved \cup \{(v_a,v_i),(v_a,v_j)\}$

$\quad\quad = v_i : Eadded := Eadded \cup \{(v_i,v_j)\}$

$\quad\quad\quad$ **for each** $v_a \in CommonAnc$ **do**

$\quad\quad\quad\quad Eremoved := Eremoved \cup \{(v_a,v_j)\}$

$\quad\quad = v_j : Eadded := Eadded \cup \{(v_j,v_i)\}$

$\quad\quad\quad$ **for each** $v_a \in CommonAnc$ **do**

$\quad\quad\quad\quad Eremoved := Eremoved \cup \{(v_a,v_i)\}$

$\quad\quad$ UNDEF: create vertex v'

$\quad\quad\quad v'.acl := U$

$\quad\quad\quad v'.label := $ NULL

$\quad\quad\quad v'.key := $ NULL

$\quad\quad\quad$ **for each** $u \in v'.acl$ **do**

$\quad\quad\quad\quad v'.counter[u] := 0$

$\quad\quad\quad V_{\mathcal{K},\mathcal{F}} := V_{\mathcal{K},\mathcal{F}} \cup \{v'\}$

$\quad\quad\quad Eadded := Eadded \cup \{(v',v_i),(v',v_j)\}$

$\quad\quad\quad$ **for each** $v_a \in CommonAnc$ **do**

$\quad\quad\quad\quad Eadded := Eadded \cup \{(v_a,v')\}$

$\quad\quad\quad\quad Eremoved := Eremoved \cup \{(v_a,v_i),(v_a,v_j)\}$

/*更新计数器*/

for each $(v_l, v_h) \in Eadded$ **do**

$\quad$ **for each** $u \in v_l.acl$ **do**

$\quad\quad v_h.counter[u] := v_h.counter[u] + 1$

for each $(v_l, v_h) \in Eremoved$ **do**

$\quad$ **for each** $u \in v_l.acl$ **do**

$\quad\quad v_h.counter[u] := v_h.counter[u] - 1$

$$E_{\mathcal{K},\mathcal{T}} := E_{\mathcal{K},\mathcal{T}} \cup Eadded \setminus Eremoved$$

图3.8 分解顶点间共同祖先的算法

阶段3：生成$\mathcal{E}$

该算法在最后阶段生成一个加密策略，该加密策略与在前面的阶段中所计算的密钥、令牌图相对应。为此，该算法会调用程序**GenerateEncryptionPolicy**（见图3.9）。首先，该算法将密钥集$\mathcal{K}$、标签集$\mathcal{L}$和令牌集$\mathcal{T}$初始化为空集。之后，对于$V_{\mathcal{K},\mathcal{T}}$中的每个点$v$，该算法会生成一个密钥$k$和一个标签$l$，并将其分别插入到$\mathcal{K},\mathcal{L}$中。而且对于$E_{\mathcal{K},\mathcal{T}}$中的每条边$(v_i,v_j)$，**GenerateEncryptionPolicy**会计算一个令牌$t_{i,j}$，将其插入到$\mathcal{T}$中，并且通过插入一个表TOKENS中相应的数组来将$t_{i,j}$上传到服务器上。最后，算法会在已经生成的标签基础上，定义一个密钥分配和加密方案ϕ。对于每个用户u，将$\phi(u)$定义为表示图中$acl(o)$的顶点标签。而且，用与$\phi(o)$相对应的顶点密钥加密每个对象o，并将其上传到服务器上，目录中的LABELS表也相应地上传。

例3.1 图3.10描述了图3.6中算法的运行步骤，该算法应用于图3.1的授权策略。算法首先生成10个决定性的点：$v_1,\ldots,v_6$分别表示单个的用户集$A,\ldots,F$；v_7表示BC，v_8表示$ADEF$，v_9表示$BDEF$，v_{10}表示$ABCDEF$。

GenerateEncryptionPolicy( )

$\mathcal{K} := \emptyset$

$\mathcal{L} := \emptyset$

$\mathcal{T} := \emptyset$

/*生成密钥*/

for each $v \in V_{\mathcal{K},\mathcal{T}}$ **do**

 generate key k

 $v.key := k$

 generate label l

 $v.label := l$

 $\mathcal{K} := \mathcal{K} \cup \{v.key\}$

 $\mathcal{L} := \mathcal{L} \cup \{v.label\}$

/*计算令牌*/

for each $(v_i, v_j) \in E_{\mathcal{K},\mathcal{F}}$ **do**

$t_{i,j} := v_j.key \oplus h(v_i.key, v_j.label)$

$\mathcal{T} := \mathcal{T} \cup \{t_{i,j}\}$

upload token $t_{i,j}$ on the server by adding it to table TOKENS

/*定义密钥分配和加密方案*/

for each $u \in \mathcal{U}$ **do**

find the vertex $v \in V_{\mathcal{K},\mathcal{F}}$ with $v.acl = \{u\}$

$\phi(u) := v.label$

for each $o \in \mathcal{O}$ **do**

find the vertex $v \in V_{\mathcal{K},\mathcal{F}}$ with $v.acl = acl\{o\}$

encrypt o with key $v.key$

upload the encrypted version o^k of o on the server

$\phi(o) := v.label$

update table LABELS on the server

图3.9 生成加密策略的算法

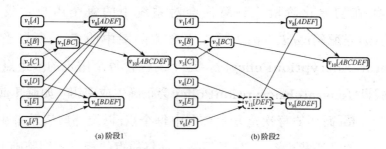

(a) 阶段1 (b) 阶段2

(c) 阶段3

图3.10 算法执行示意图

图3.10(a)描述了算法第一阶段之后所得到的密钥和令牌。图中的每个点均满足局部覆盖性,而且这个图并不包含任何冗余的边。我们用一个顶点v_{10}的例子来说明我们是如何得到这个图的。算法**CoverVertex**首先在E_{added}边插入(v_8, v_{10}),(v_9, v_{10}),(v_7, v_{10})。随后再删除边(v_9, v_{10}),这是因为$v_9.acl$中的所有用户均能够通过v_7或者v_9导出$v_{10}.key$。

图3.10(b)描述了算法第二阶段后得到的图。注意,这个图有一个由程序**Factorize**插入的新的顶点,这是因为图3.10(a)中顶点v_8和v_9有三个共同的直系祖先(如v_4, v_5, v_6)。这里用实线表示决定性的顶点,用虚线表示非决定性的点。

最后,图3.10(c)描述了$\mathscr{U}$中用户的密钥分配和加密方案,以及由程序Generate EncryptionPolicy上传到服务器的LABELS和TOKENS表。

3.5.1 正确性和复杂度

我们首先引入一些必要的引理来证明由图3.6中算法所生成的加密策略等价于所给定的授权策略。

首先,我们证明用户间没有共享加密密钥。

引理3.1(用户密钥唯一性) 给定一个授权策略$\mathscr{A} = \langle \mathscr{U}, \mathscr{O}, \mathscr{P} \rangle$,图3.6中的算法生成一个密钥、令牌图$\mathscr{G}_{\mathscr{K}, \mathscr{T}} = \langle V_{\mathscr{K}, \mathscr{T}}, E_{\mathscr{K}, \mathscr{T}} \rangle$和相应的加密策略$\mathscr{E} = \langle \mathscr{U}, \mathscr{O}, \mathscr{K}, \mathscr{L}, \phi, \mathscr{T} \rangle$,使得$\forall u_i, u_j \in \mathscr{U}, i \neq j \Rightarrow \phi(u_i) \neq \phi(u_j)$。

证明 在初始化阶段,该算法会对系统中的每个用户生成一个唯一的点v并将$\{u\}$分配给$v.acl$。因为算法不会删除图中的点,所以当算法调用程序GenerateEncryptionPolicy时,这个图包含每个用户的一个点。而且,因为我们假设GenerateEncryptionPolicy会正确生成密钥(如避开重复),该算法在第一个**for**循环的每次重复中会图中每个点v以及那些表示单用户集的点分配一个唯一的密钥和标签。在表示单用户集的点的相关密钥基础上,我们定义了密钥分配和加密函数ϕ。对每个用户u,算法设置$v.key = \phi(u)$,其中v是图中使$v.acl = \{u\}$的唯一点。所以,我们保证了不同用户对应不同标签以及不同密钥。

我们还需要证明由图3.6中算法所生成的加密策略图满足定理3.2和定义3.10。

引理3.2(局部覆盖性和非冗余性) 给定一个授权策略$\mathscr{A} = \langle \mathscr{U}, \mathscr{O}, \mathscr{P} \rangle$,图3.6中的算法生成一个密钥、令牌图$\mathscr{G}_{\mathscr{K}, \mathscr{T}} = \langle V_{\mathscr{K}, \mathscr{T}}, E_{\mathscr{K}, \mathscr{T}} \rangle$和一个相应的加密策略$\mathscr{E} = \langle \mathscr{U}, \mathscr{O}, \mathscr{K}, \mathscr{L}, \phi, \mathscr{T} \rangle$,使得$\mathscr{G}_{\mathscr{E}}$满足局部覆盖性(定理3.2)和非冗余性(定义3.10)。

证明 我们首先证明算法 **CoverVertex**$(v, tocover)$ 会终止，并且使得定理3.2和定义3.10 都成立。接下来，我们再证明算法 **Factorize**(v_i) 会终止并使点 v 保持局部覆盖性和非冗余性。

在初始化阶段，对于所生成的每个决定性顶点 v，该算法会将 $v.acl$ 中的每个用户的变量 $v.counter[u]$ 设置为0。

算法 CoverVertex 对于 $V_{\mathcal{K},\mathcal{F}}$ 中的每个决定性顶点 v_i，该算法会分别调用以 v_i 和 $v_i.acl$ 为参数的程序 **CoverVertex**。

该算法包括两阶段，第一阶段找出 v 的一个正确覆盖，第二阶段移除冗余边。

第一阶段由两个嵌套的 **while** 循环组成，在最坏情形下，当变量 $tocover$ 为空的时候结束。变量 $tocover$ 一开始包含 $v.acl$ 中的用户且算法不插入任何用户。而且，当 $v_i.acl \cap tocover \neq \emptyset$ 时，将 $v_i.acl$ 中的用户集从 $tocover$ 中删除，这里点 v_i 是从使得 $v_i.acl \subseteq v.acl$ 的 l 层的顶点集合 V_l 中随机选取。由于在最外层 **while** 循环的每次迭代中，l 都减去1，所以我们假设 l 的值为1。当 l 为1时，$V_{\mathcal{K},\mathcal{F}}$ 中对所有 $u_i \in \mathcal{U}$，V_l 包含使得 $v_i.acl = \{u_i\}$ 的点 v_i 的集合。因为 $v.acl \subseteq \mathcal{U}$，在最坏情形中，当 $l = 1$ 且两个 **while** 循环终止的时候，$tocover$ 变成空集。因为每当我们从 $tocover$ 中移除 $v_i.acl$ 时都会有一条边 (v_i, v) 被插入到 E_{added} 中（也就是在 $E_{\mathcal{K},\mathcal{F}}$ 中），所以当两个循环终止（如 $tocover$ 变成空集）时，点 v 被正确地覆盖。事实上，对于 $v.acl$ 中的每个用户 u，都存在一条边 (v_i, v) 使得 $u \in v_i.acl$。而且，对于插入到 E_{added} 中的每条边 (v_i, v)，每个 $u \in v_i.acl$ 的 $v.counter[u]$ 都会加1，这意味着 $v.counter[u]$ 表示 E_{added} 中使得 $u \in v_i.acl$ 的边 (v_i, v) 的数目。

第二阶段由一个 **for each** 循环组成，该循环会处理 E_{added} 中的每条边 (v_i, v)。由于第一阶段的程序终止，E_{added} 包含有限的边，并且第二阶段也结束。对于每个用户 $u \in v_i.acl$ 当 $v.counter[u]$ 大于1时，从 E_{added} 中移除边 (v_i, v)（即不会在 $E_{\mathcal{K},\mathcal{F}}$ 插入该边），这是因为存在 v 的另外一个直系祖先 v_j 使得 $u \in v_j.acl$。对于每个用户 $u \in v_i.acl$，当从 E_{added} 中移除边 (v_i, v) 时，$v.counter[u]$ 都会减去1来使 $v.counter[u]$ 与 E_{added} 中的边保持一致。对于至少一个用户，如果有 $v.counter[u]$ 等于1都不会移除边 (v_i, v)，那么保持了 v 的局部覆盖性。由于所有进入 v 的边都属于 E_{added}，且 E_{added} 中的每条边都被程序进行处理，所以定义3.10对于 v 也是满足的。

最后，将 E_{added} 插入到设置为空的 $E_{\mathcal{K},\mathcal{F}}$ 中。因此，顶点 v 同时满足局部覆盖和非冗余性。

算法**Factorize** 对于$V_{\mathcal{K},\mathcal{T}}$中的每个决定性顶点$v_i$，该算法会调用以$v_i$为参数的程序Factorize。

第一个**for each**循环包含这样一个程序，该程序会计算$V_{\mathcal{K},\mathcal{T}}$中的每个点且该点与$v_i$至少有一个共同的直系祖先。而且，这个嵌套的**for each**循环会处理$CommonAnc$中的每个点v_a，这里$CommonAnc$是v_i和v_j共同直系祖先的集合。由于$V_{\mathcal{K},\mathcal{T}}$和$CommonAnc$中点的数目是有限的，所以这个循环最后会终止。类似地，在边集$Eadded$和$Eremoved$上运行的**for each**循环最后也会结束，这是因为$Eadded$和$Eremoved$均被初始化为空集，而且在$CommonAnc$中的点上这个有限的**for each**循环会在$Eadded$和$Eremoved$插入一些边。给定一对顶点v_i和v_j，当且仅当它们至少有三个共同祖先时算法**Factorize**会改变v_i和v_j的直系祖先集合。在这种情形中，共同父系中的边，即从$v_1,\ldots,v_m$到v_i和v_j的边被移除，并用两条从v'到v_i和v_j的边替换它们，这里v'是使得$v'.acl = v_1.acl\cup\cdots\cup v_m.acl$成立的点。接下来很容易看到，$v_i$和$v_j$是满足局部覆盖的。同样地，将由$v_1,\ldots,v_m$覆盖的内容应用于$v'$，根据定义，它形成了$v'$的一个覆盖。注意到同样的讨论也可以应用于当点$v'$与$v_i$或$v_j$一致时的情形。

我们注意到这里的变量$v.counter[u]$根据所插入和移除的边进行更新。

我们得到这样一个结论，因为$V_{\mathcal{K},\mathcal{T}}$中的每个点都调用了程序**CoverVertex**和**Factorize**，所以$\mathcal{G}_{\mathcal{E}}$满足定理3.2和定义3.10。

组合引理3.1和引理3.2中的证明结果，我们便有这样一个结论：图3.6中算法所生成的加密策略与给定的授权策略是等价的。

定理3.3（策略等价性） 给定一个授权策略$\mathscr{A} = \langle\mathscr{U},\mathscr{O},\mathscr{P}\rangle$，图3.6中的算法生成一个密钥、令牌图$\mathcal{G}_{\mathcal{K},\mathcal{T}} = \langle V_{\mathcal{K},\mathcal{T}}, E_{\mathcal{K},\mathcal{T}}\rangle$和一个相应的加密策略$\mathscr{E} = \langle\mathscr{U},\mathscr{O},\mathscr{K},\mathscr{L},\phi,\mathscr{T}\rangle$，使得$\mathscr{A} \equiv \mathscr{E}$。

证明

$\mathscr{E} \Rightarrow \mathscr{A}$

在图3.6中算法的前两个阶段所生成的密钥令牌图的基础上，程序**GenerateEncryptionPolicy**定义了一个加密策略$\mathscr{E}$。特别地，该算法所定义的加密策略使得：对于每个用户u，$\phi(u)$对应于表示单用户集$\{u\}$（如$v_i.acl = \{u\}$）的顶点v_i的标签；而对于每个对象o，$\phi(o)$对应于表示$acl(o)$（如$v_j.acl = acl(o)$）的点v_j的标签。现在考虑与加密策略$\mathscr{E}$对应的加密策略图，该加密策略由程序**GenerateEncryptionPolicy**所生成，并假设$u \xrightarrow{\mathscr{E}} o$。这等价于密钥、令牌图中包含一条从标签为$\phi(u)$的点$v$到标签为$\phi(o)$的点$v_j$的路径。而且，由于该密钥、令牌图满足定理3.2（引理3.2），所以u是属于$v_j.acl = acl(o)$的，因此授权策略$\mathscr{A}$包含许可$\langle u,o\rangle$。

$\mathscr{E} \Leftarrow \mathscr{A}$

假设$u \xrightarrow{\mathscr{A}} o$。在初始化阶段中，算法在密钥令牌图中为系统中每个用户、acl值以及为对象插入一个顶点。因此，在一个密钥、令牌图中，存在一个决定性的点v_i使得$v_i.acl = \{u\}$和一个决定性的点v_j使得$v_j.acl = acl(o)$。该算法不会删除顶点，且会生成一个满足定理3.2（引理3.2）的密钥、令牌图，该密钥、令牌图包含一条从v_i到v_j的路径，并且通过定义一个密钥、令牌图的加密策略得到一个加密策略图，该图由程序**GenerateEncryptionPolicy**生成并包含一条从u到o的路径。

下面的定理3.4证明了，图3.6中算法所生成的加密策略中的密钥令牌总数小于用户数、资源以及构成给定授权策略许可的总数，这一点极大地减少了用户在导出其授权密钥时的代价（如3.10节的实验所示）。

定理3.4 给定一个授权策略$\mathscr{A} = \langle \mathscr{U}, \mathscr{O}, \mathscr{P} \rangle$，图3.6中的算法生成一个密钥、令牌图$\mathscr{G}_{\mathscr{K},\mathscr{T}} = \langle V_{\mathscr{K},\mathscr{T}}, E_{\mathscr{K},\mathscr{T}} \rangle$和一个相应的加密策略$\mathscr{E} = \langle \mathscr{U}, \mathscr{O}, \mathscr{K}, \mathscr{L}, \phi, \mathscr{T} \rangle$，使得$|\mathscr{K} \cup \mathscr{T}| < |\mathscr{U} \cup \mathscr{O} \cup \mathscr{P}|$。

证明 因为联合运作中的所有集合均为离散的，需要证明$|\mathscr{K}| + |\mathscr{T}| < |\mathscr{U}| + |\mathscr{O}| + |\mathscr{P}|$。

算法所生成的密钥数等于密钥令牌图中的顶点数，而令牌数等于图中的边数。从顶点分析，该算法为$\mathscr{U}$中每个用户，$\mathscr{O}$中对象的每个acl生成一个顶点，并加上阶段2中所插入的一些额外顶点。因为有可能至少两个对象共享相同的acl，所以我们需要证明阶段2中所插入的顶点数加上令牌数是小于许可数目的。首先，考虑阶段1完成后所生成的图，在阶段1中，除决定性点之外并没有其他的点，此时，图中的边（如令牌）数目是少于许可数目的。事实上，如果n个用户的acl被m个对象所共享，则这个图会包含n个令牌而不是$n \cdot m$个令牌。再考虑阶段2，这里的程序**Factorize**会增加一个点当且仅当目前被分析的顶点对有$n > 2$个共同的父辈。在这种情形下，图中会移除$2n$条边，并且最多插入$2+n$条边。这说明，令牌的数目至少减少1，额外的顶点数目加上令牌数目仍然小于许可数目。

最后，证明我们提出的算法复杂度是多项式时间。

定理3.5（复杂度） 给定一个授权策略$\mathscr{A} = \langle \mathscr{U}, \mathscr{O}, \mathscr{P} \rangle$，图3.6中的算法在$O(((|\mathscr{O}|+|V_{\mathscr{K},\mathscr{T}}|^2) \cdot |\mathscr{U}|)$时间内生成一个$\mathscr{A} \equiv \mathscr{E}$和加密策略$\mathscr{E} = \langle \mathscr{U}, \mathscr{O}, \mathscr{K}, \mathscr{L}, \phi, \mathscr{T} \rangle$。

证明 通过计算初始化过程中和前面所说的两个阶段中的操作复杂度，从而得到了该算法的复杂度。

初始化： 对于表示单用户集的点而言，最内层的**for**循环代价是固定的，所以，构成初始化阶段的**for**循环运行时间需要与$|\mathscr{U}|+|\mathscr{O}|\cdot|\mathscr{U}|$成比例。

阶段1： 对$V_{\mathscr{K},\mathscr{T}}$中的每个决定性的点$v$，该算法都会调用程序**CoverVertex**。在最坏情形下，两个嵌套的**while**循环会检验$V_{\mathscr{K},\mathscr{T}}$中使得$level(v_i) < level(v)$成立的所有点$v_i$，且计算代价与$|V_{\mathscr{K},\mathscr{T}}|^2 \cdot |\mathscr{U}|$成比例。

随后的**for each**循环检验每条边$(v_i, v) \in E_{added}$并计算更新$acl(v_i)$中每一个用户u的$v.counter[u]$值。在最坏情形中，这个循环的代价与$|E_{\mathscr{K},\mathscr{T}}|\cdot|\mathscr{U}|$成比例。由于在任何图中$|E_{\mathscr{K},\mathscr{T}}|$的上界为$|V_{\mathscr{K},\mathscr{T}}|^2$，所以该算法阶段1的全部复杂度与$|V_{\mathscr{K},\mathscr{T}}|^2 \cdot |\mathscr{U}|$成比例。

阶段2： 对$V_{\mathscr{K},\mathscr{T}}$中每个决定性的点$v_i$，该算法都会调用程序**Factorize**。第一个**for each**循环会检验与v_i至少有一个共同父系的所有顶点，在最坏情形中这些点全在$V_{\mathscr{K},\mathscr{T}}$中。该算法随后通过考虑与$v_i$和$v_j$相关的边来找出这些共同的直系父系。由于顶点$v_i$的直系父系的数目等于$|v_i.acl|$，所以这个运算的代价与$|\mathscr{U}|$成比例。这个**for**循环嵌套在**case**命令中，并计算$CommonAnc$中的所有顶点，这些顶点数目最多为$|\mathscr{U}|$。因为E_{added}和$E_{removed}$都被这些循环所填充，所以它们包含许多$|\mathscr{U}|$中的元素。

因此，算法阶段2的全部复杂度与$|V_{\mathscr{K},\mathscr{T}}|^2 \cdot |\mathscr{U}|$成比例。

阶段3： 该算法最后调用程序**GenerateEncryptionPolicy**，该程序由4个**for each**循环组成，这些循环会依次检验顶点、边、用户和对象。

该算法阶段3的所有复杂度与$|V_{\mathscr{K},\mathscr{T}}|^2 + |\mathscr{U}| + |\mathscr{O}|$成比例。

总的来说，时间复杂度与$(|\mathscr{O}| + |V_{\mathscr{K},\mathscr{T}}|^2) \cdot |\mathscr{U}|$成比例。如果我们假设程序**CoverVertex, Factorize**以及**GenerateEncryptionPolicy**所执行的所有运算都有一个固定的代价且c_{max}为其最大代价，则时间复杂度为$O(c_{max}((|\mathscr{O}| + |V_{\mathscr{K},\mathscr{T}}|^2) \cdot |\mathscr{U}|)) = O((|\mathscr{O}| + |V_{\mathscr{K},\mathscr{T}}|^2) \cdot |\mathscr{U}|)$。

3.6 策略更新

由于授权策略有可能随着时间而改变，所以对应的加密策略也需要相应地进行变化。策略更新操作有可能包括：① 用户的插入/删除；② 对象的插入/删除；

③ 许可的授权与撤销。我们注意到：仅当用户取得授权时，用户的插入/删除会影响到加密策略。这种情形下，插入（删除）一个用户则意味授权（撤销）所有该用户所涉及的许可。类似地，仅当对象对用户是可访问的时候，该对象的插入/删除会影响该加密策略。因此，插入（删除）一个对象意味着授权（撤销）该对象的所有许可。所以，我们致力于授权和撤销操作。而且，我们假设每个操作总是代表着单个用户u和单个对象o，这些操作很容易扩展到用户集合和对象集合。

授权策略$\mathscr{A}$上的授权与撤销操作被转化为更新加密策略图的正确操作，来保证在授权/撤销操作之后，$\mathscr{E}$和$\mathscr{A}$仍然是等价的。在任何情况下，执行此加密策略图中所生成的授权/撤销操作时，策略的等价性得到保证，但是代价较大，因为需要重新生成整个密钥、令牌集并重新加密系统中的所有对象。因此，我们提出一个仅改变图中被授权或撤销操作所影响部分，进而更新现有加密策略图的策略。

3.6.1 授权与撤销

用户u对于对象o的任何授权/撤销请求都会对那些有权访问o的用户集的变化产生影响，并且该请求总是要求数据所有者解密并用新密钥（直接或间接地）重加密该对象，当然，新的访问权限表中的用户可以（直接或间接地）导出该密钥。图3.11描述了**GrantRevoke**程序的授权与撤销操作。该程序的输入为用户u、对象o以及要被执行的操作类型，即授权或撤销并相应地修正该加密策略。首先，该程序回取点v_{old}，该点的acl与o的当前$acl(o)$相对应，并且将$acl(o)$设为与添加的（授权）或移除的（撤销）用户u相对应的旧acl。按照我们的方法（见3.4节），由于每个对象要被一个密钥加密，且该密钥与表示该点的acl相关，所以程序会检验加密策略图中表示$acl(o)$的新值的点v_{new}的存在性。如果这样的点不存在，则（程序**CreateNewVertex**）生成点v_{new}并将其插入到该图中。该程序随后从服务器下载这个对象，用$v_{old}.key$解密，再用$v_{new}.key$重加密，并将o的新加密版本上传到服务器。最后，程序对点v_{old}调用**DeleteVertex**来检验它能否从图中移除。

GRANTREVOKE $(u, o, operation)$

/∗更新o的访问控制列表 ∗/

find the vertex v_{old} with $v_{old}.label = \phi(o)$

case *operation* **of**

    'grant': $acl(o) := v_{old}.acl \cup \{u\}$

'revoke': $acl(o) := v_{old}.acl \setminus \{u\}$

find the vertex v_{new} with $v_{new}.acl = acl(o)$

if $v_{new} = $ UNDEF **then**

$\quad v_{new} = \textbf{CreateNewVertex}(acl(o))$

$\phi(o) := v_{new}.label$

/*重加密对象o*/

download the encrypted version o^k of o from the server

decrypt o^k with key $v_{old}.key$ to retrieve the original object o

encrypt o with key $v_{new}.key$

upload the new encrypted version o^k of o on the server

update LABELS on the server

DeleteVertex(v_{old})

图3.11 许可$\langle u, o \rangle$的授权与撤销程序

通过图3.12中的函数**CreateNewVertex**和图3.13中的程序**DeleteVertex**来实现加密策略图中点的插入和移除。注意到函数**CreateNewVertex**和程序**DeleteVertex**是以相同的操作为基础的（如**CoverVertex**和**Factorize**），这些操作在图3.6的算法中被用于生成初始的加密策略图，但是它们只能局部地执行图中点的插入与移除操作。

函数**CreateNewVertex**的输入为一个用户集U，其输出为图中表示U的点v。该函数首先分别将当前的点集$V_{\mathcal{K},\mathcal{F}}$和边集$E_{\mathcal{K},\mathcal{F}}$复制到两个局部变量$V_0$和$E_0$中。在以这种方式来决定图中点集和边集的更新来相应地修正该加密策略时，需要用到这个备份。事实上，一个新顶点的存在则要求生成新密钥和新标签，而一个顶点的移除则要求删除相应的密钥和标签。类似地，一条新的边则需要生成相应的令牌，并将其存储到TOKENS表中，而边的移除则要求从表TOKENS中删除相应的令牌。函数**CreateNewVertex**会生成一个新的点v，其变量$v.acl$被设为U，而$v.key$和$v.label$均被设为NULL。这个新的点被图中其他的点很好的覆盖，通过对v和$v.acl$调用程序**CoverVertex**，保证了在不引入冗余边的情形下以这样一种方式插入了一个点，即满足局部与覆盖性（定理3.2）；以及调用程序**Factorize**来确定这个新的顶点在图中是否与其他点有至少两个共同直系父系。

函数 **CreateNewVertex** 随后调用图3.14中的程序 **UpdateEncryptionPolicy**。该程序的输入分别为存储在V_0和E_0中的旧的顶点集和边集，并通过生成及添加与这个新的点相关的新密钥及标签，通过计算并添加与这些新边相对应的令牌，和通过移除这些不再需要的秘钥、令牌以及标签来更新这个加密策略。 最后，对于一条被移除边的每个起点v_i，**CreateNewVertex** 会调用程序 **DeleteVertex** 来检验顶点v_i能否从图中移除。 注意到我们没有对被移除边的终点调用 **DeleteVertex**，根据定义，这是因为它们与决定性点对应或者有至少两条入边， 所以对于减少加密策略图中的令牌数目是非常有用的（最坏情形下无效）。

CREATENEWVERTEX(U)
/∗初始密钥、令牌图节点和边∗/
$V_0 := V_{\mathcal{K},\mathcal{T}}$
$E_0 := E_{\mathcal{K},\mathcal{T}}$
/∗创建一个新的节点∗/
create vertex v
$v.acl := U$
$v.key :=$ NULL
$v.label :=$ NULL
for each $u \in v.acl$ **do** $v.counter[u] := 0$
/∗连接v，删除冗余并分解普通祖先∗/
CoverVertex($v, v.acl$)
Factorize(v)
/∗更新加密策略∗/
UpdateEncryptionPolicy(V_0, E_0)
for each $v_i \in \{v_j : (v_j, v_h) \in (E_0 \setminus E_{\mathcal{K},\mathcal{T}})\}$ **do**
　　DeleteVertex(v_i)
return(v)

图3.12 插入表示U的新顶点的函数

DELETEVERTEX(v)

if$(|v.acl| > 1) \wedge (\nexists o \in \mathcal{O} : \phi(o) = v.label)$ **then**

/*v的直接祖先和后代*/

$\quad Anc := \{v_i : (v_i, v) \in E_{\mathcal{K},\mathcal{T}}\}$

$\quad Desc := \{v_i : (v, v_i) \in E_{\mathcal{K},\mathcal{T}}\}$

$\quad$**if**$(|Desc| \cdot |Anc|) \leq (|Desc| + |Anc|)$ **then**

$\quad\quad$/*初始密钥、令牌图节点和边*/

$\quad\quad V_0 := V_{\mathcal{K},\mathcal{T}}$

$\quad\quad E_0 := E_{\mathcal{K},\mathcal{T}}$

$\quad\quad$/*更新密钥和令牌图*/

$\quad\quad E_{\mathcal{K},\mathcal{T}} := E_{\mathcal{K},\mathcal{T}} \setminus (\{(v, v_i) \in E_{\mathcal{K},\mathcal{T}}\} \cup \{(v_i, v) \in E_{\mathcal{K},\mathcal{T}}\})$

$\quad\quad$**for each** $(v, v_i) \in E_0$ **do**

$\quad\quad\quad$**for each** $u \in v.acl$ **do**

$\quad\quad\quad\quad v_i.counter[u] := v_i.counter[u] - 1$

$\quad\quad\quad tocover := \{u : u \in v_i.acl \wedge v_i.counter[u] = 0\}$

$\quad\quad\quad$**CoverVertex**$(v_i, tocover)$

$\quad\quad\quad$**Factorize**(v_i)

$\quad\quad V_{\mathcal{K},\mathcal{T}} := V_{\mathcal{K},\mathcal{T}} - \{v\}$

$\quad\quad$/*更新加密策略*/

$\quad\quad$**UpdateEncryptionPolicy**(V_0, E_0)

$\quad\quad$**for each** $v_i \in \{v_j : (v_j, v_h) \in (E_0 \setminus E_{\mathcal{K},\mathcal{T}})\}$ **do**

$\quad\quad\quad$**DeleteVertex** (v_i)

图3.13 删除顶点v的程序

UPDATEENCRYPTIONPOLICY(V, E)

for each $v \in (V_{\mathcal{K},\mathcal{T}} \setminus V)$ **do**/*新顶点*/

$\quad$generate key k

$\quad v.key := k$

generate label l

$v.label := l$

$\mathcal{K} := \mathcal{K} \cup \{v.key\}$

$\mathcal{L} := \mathcal{L} \cup \{v.label\}$

for each $(v, v_i) \in (E_{\mathcal{K},\mathcal{T}} \setminus E)$ **do** /*新边*/

$\quad t_{i,j} := v_j.key \oplus h(v_i.key, v_j.label)$

$\quad \mathcal{T} := \mathcal{T} \cup \{t_{i,j}\}$

$\quad$ upload token $t_{i,j}$ on the server by adding it to table TOKENS

for each $v \in (V \setminus V_{\mathcal{K},\mathcal{T}})$ **do** /*删除的顶点*/

$\quad \mathcal{K} := \mathcal{K} \setminus \{v.key\}$

$\quad \mathcal{L} := \mathcal{L} \setminus \{v.label\}$

for each $(v_i, v_j) \in (E \setminus E_{\mathcal{K},\mathcal{T}})$ **do** /*删除的边*/

$\quad \mathcal{T} := \mathcal{T} \setminus \{t_{i,j}\}$

$\quad$ remove $t_{i,j}$ from the table TOKENS on the server

图3.14 加密策略更新程序

程序**DeleteVertex**的输入为点v，如果它对于策略执行是不必要的，且对于减少$\mathcal{T}$的大小也没有任何用处，那么就从图中删除它。事实上，如果v的密钥不再用于加密任何对象，而且也不需要用它来分解共同父系，则移除点v及其所有的出入边。在这一点，v的直系后代并不服从局部覆盖性，这是因为，根据构造（见引理3.2），这个图没有冗余边，故而这些被移除的边无须满足这样的一个性质。对于每个直系后代v_i，程序**DeleteVertex**首先调用**CoverVertex**来处理v_i和那些不属于v_i的任何其他父系的用户集，随后调用程序**Factorize**来处理v_i。与程序**CreateNewVertex**一样，我们通过算法**UpdateEncryptionPolicy**来更新这个加密策略。最后，对于每个作为被移除边的起点v_i，**DeleteVertex**会递归地调用自身来检验v_i能否从图中移除。

例3.2 考虑图3.10(b)和(c)中描述的加密策略。图3.15说明了这样的一个密钥令牌图和LABELS表，在图中授权D对o_3的访问权限和撤销F对o_8的访问权限。（注意到对于$\mathcal{U}$中的所有用户u，我们并不会报告$\phi(u)$，这是因为授权/撤销操作并不会改变它。）

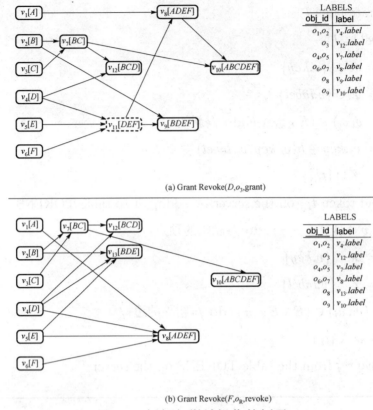

图3.15 授权与撤销操作的例子

- **GrantRevoke** (D, o_3, grant)：该程序会首先识别这样的一些点，即v_7，其密钥对于解密o_3是必需的。随后，通过插入D来更新$acl(o_3)$。因为不存在使得$acl = \{BCD\}$的点，我们会调用参数为$U = \{BCD\}$的程序**CreateNewVertex**。它会在图中生成并插入一个新的点v_{12}，这里$v_{12}.acl = \{BCD\}$。随后从服务器下载o_3，用$v_7.key$解密它，再用$v_{12}.key$对其进行加密并将其上传到服务器上。最后，我们调用参数为v_7的程序**DeleteVertex**，而且因为$v_7.key$用户加密o_4, o_5，所以我们没有从图中移除v_7。

- **GrantRevoke** (F, o_8, revoke)：该程序首先识别这样一些点，即v_9，这些点的密钥对于解密o_8是必需的。随后，删除F以更新$acl(o_8)$。因为没有使$acl = \{BDE\}$的点，我们会调用参数为$U = \{BDE\}$的程序**CreateNewVertex**。它会在图中生成并插入一个新的顶点v_{13}，这里$v_{13}.acl = \{BDE\}$。随后，从服务器下载o_8，并用$v_9.key$对其进行解密，再用$v_{13}.key$加密并将其上传到服务器上。接下来，我们调用参数为v_9的程序**DeleteVertex**。因为$v_9.key$仅用于加密o_8，所以v_9不再是个有用的顶点并从图中移除。我们随后递归地调用参数为v_2，v_{11}的**DeleteVertex**。顶点v_2没有被移除，这是因为它与用户B相对应，但是我们从图中移除点v_{11}。

3.6.2 正确性

现在，我们来证明执行授权和撤销操作的程序保证了策略的等价性。为了达到这个目的，我们首先需要说明这里插入和删除的点均是正确的（如它们保证了策略的等价性）。

首先，我们证明由程序**DeleteVertex**所产生的加密策略图的更新并不会影响策略的等价性。

引理3.3 令$\mathscr{A} = \langle \mathscr{U}, \mathscr{O}, \mathscr{P} \rangle$是一个授权策略，$\mathscr{E} = \langle \mathscr{U}, \mathscr{O}, \mathscr{K}, \mathscr{L}, \phi, \mathscr{T} \rangle$是一个加密策略，使得$\mathscr{A} \equiv \mathscr{E}$。图3.13中的程序**DeleteVertex**会生成一个新的加密策略$\mathscr{E}' = \langle \mathscr{U}, \mathscr{O}, \mathscr{K}', \mathscr{L}', \phi', \mathscr{T}' \rangle$，使得$\mathscr{A} \equiv \mathscr{E}'$。

证明 因为我们假设当程序**DeleteVertex**被调用时，有$\mathscr{A} \equiv \mathscr{E}$，所以我们将考虑该程序仅更新密钥和令牌时的情形。具体地说，如在定理3.3的证明中所看到的那样，保证$\mathscr{A}$和$\mathscr{E}$之间等价性所必须的条件如下：

（1）对于每个用户u，$\phi(u)$对应于点v_i的标签，这里v_i表示单用户集$\{u\}$（如$v_i.acl = \{u\}$）。

（2）对于每个对象o，$\phi(o)$对应于点v_j的标签，这里v_j表示$acl(o)$（如$v_j.acl = acl(o)$）。

（3）该密钥令牌图满足定理3.2（局部覆盖性）和定义3.10（非冗余性）。

接下来，证明算法**DeleteVertex**满足所有的这些条件。

算法**DeleteVertex**没有改变密钥分配与加密方案，也没有移除点v，如果存在一个用户u或者对象o，使得$\phi(u) = v.label$或者$\phi(o) = v.label$。因此该算法满足第一个和第二个条件。

对于被移除点v的每个后代v_i，算法**DeleteVertex**会调用**CoverVertex**来处理v_i和$tocover$，这里$tocover$包含$v_i.acl$中的一个用户子集，使得$v_i.counter[u] = 0$。因为$v_i.counter[u]$总是表示v_i的直系父系的数目，这里u属于它们的acl，所以没有必要覆盖其他的用户。而且，在这些边的基础上，我们更新变量$v.counter[u]$，这些边与从图中所移除的点v相对应。算法**UpdateEncryptionPolicy**仅仅转化$\mathscr{G}_{\mathscr{K},\mathscr{T}}$上的更新，这与$\mathscr{E}$中元素上的更新是等价的，因此程序**DeleteVertex**保证了局部覆盖性和非冗余性。

接下来，我们证明由程序CreateNewVertex所产生的加密策略图的更新并不会影响策略等价性。

引理3.4 令$\mathscr{A} = \langle \mathscr{U}, \mathscr{O}, \mathscr{P} \rangle$是一个授权策略，$\mathscr{E} = \langle \mathscr{U}, \mathscr{O}, \mathscr{K}, \mathscr{L}, \phi, \mathscr{T} \rangle$是一个加密策略，使得$\mathscr{A} \equiv \mathscr{E}$。图3.12中函数CreateNewVertex会生成一个新的加密策略$\mathscr{E}' = \langle \mathscr{U}, \mathscr{O}, \mathscr{K}', \mathscr{L}', \phi', \mathscr{T}' \rangle$，使得$\mathscr{A} \equiv \mathscr{E}'$。

证明 因为当函数CreateNewVertex被调用时，假设$\mathscr{A} \equiv \mathscr{E}$，所以我们将考虑由该函数所产生的密钥令牌的更新。接下来，我们证明函数CreateNewVertex满足引理3.3证明中的所有条件。

函数CreateNewVertex并不会改变密钥分配与加密函数，仅通过程序DeleteVertex来删除顶点，因此满足第一个和第二个条件。

而且，函数CreateNewVertex会调用程序CoverVertex和Factorize来处理这个新的顶点v，使得该密钥令牌图满足定理3.2和定义3.10（引理3.2）。算法UpdateEncryptionPolicy仅仅转化$\mathscr{G}_{\mathscr{K},\mathscr{T}}$上的更新，这与$\mathscr{E}$中元素上的更新是等价的，因此程序CreateNewVertex保证了这两个性质。

通过组合引理3.3和引理3.4所证明的结果，我们有这样一个结论：在授权或者撤销操作的基础上，由图3.11的程序GrantRevoke所修正的加密策略与由这个相同的程序所修正的授权策略相等。

定理3.6 令$\mathscr{A} = \langle \mathscr{U}, \mathscr{O}, \mathscr{P} \rangle$是一个授权策略，$\mathscr{E} = \langle \mathscr{U}, \mathscr{O}, \mathscr{K}, \mathscr{L}, \phi, \mathscr{T} \rangle$是一个加密策略，使得$\mathscr{A} \equiv \mathscr{E}$。图3.11中的程序GrantRevoke会生成一个新的授权策略$\mathscr{A}' = \langle \mathscr{U}, \mathscr{O}, \mathscr{P}' \rangle$和一个新的加密策略$\mathscr{E}' = \langle \mathscr{U}, \mathscr{O}, \mathscr{K}', \mathscr{L}', \phi', \mathscr{T}' \rangle$，使得$\mathscr{A}' \equiv \mathscr{E}'$。

证明 因为当调用程序GrantRevoke时，假设$\mathscr{A} \equiv \mathscr{E}$，所以我们会考虑加密和授权策略变化时的用户和对象。

授权

$\mathscr{E}' \Rightarrow \mathscr{A}'$

考虑用户u和对象o。根据算法，我们很容易看到o被一个密钥加密，使得从这个标签为$\phi'(u)$的顶点密钥通过$\mathscr{T}'$能够导出标签为$\phi'(o)$的顶点密钥，这是因为$\phi'(o)$被设为$v_{new}.key$，它是从$v.acl = \{u\}$的点v可达的（这是由于函数CreateNewVertex的正确性，引理3.4）。因此，有$u \xrightarrow{\mathscr{A}'} o$。

$\mathscr{E}' \Leftarrow \mathscr{A}'$

考虑用户u和对象o。根据$acl(o)$中u的插入，有$u \xrightarrow{\mathscr{A}'} o$。而且，$o$被一个密钥

加密，使得从这个标签为$\phi'(o)$的顶点密钥能够从标签为$\phi'(u)$的顶点密钥导出。这是因为函数**CreateNewVertex**的正确性（引理3.4）。所以有$u \xrightarrow{\mathcal{E}'} o$。

撤销

$\mathcal{E}' \Rightarrow \mathcal{A}'$

考虑用户u和对象o。根据该程序，我们很容易看到o被一个密钥加密，使得从这个标签为$\phi'(u)$的顶点密钥通过$\mathcal{T}'$不能导出标签为$\phi'(o)$的顶点密钥，这是因为$\phi'(o)$被设为$v_{new}.key$，它是从$v.acl = \{u\}$的点v不可达的（这是由于函数**DeleteVertex**的正确性，引理3.3）。因此，有$u \not\xrightarrow{\mathcal{E}'} o$是不可能的。

$\mathcal{E}' \Leftarrow \mathcal{A}'$

考虑用户u和对象o。根据$acl(o)$中u的移除，我们不会得到$u \not\xrightarrow{\mathcal{A}'} o$。而且，$o$被一个密钥加密，使得标签为$\phi'(o)$的顶点密钥不能从标签为$\phi'(u)$的顶点密钥导出；这是因为函数**DeleteVertex**的正确性（引理3.3）。所以$u \not\xrightarrow{\mathcal{E}'} o$是不可能的。

3.7 策略外包的双层加密

在3.6节所描述的模型中，我们假设在当前的授权策略基础上，密钥和令牌的计算要在发送给服务器加密对象之前进行。当数据所有者更新授权时，与3.8节所描述的一样，数据所有者与服务供应商进行交互来修正该令牌目录并对更新中所涉及的对象进行重加密。即使策略更新所产生的计算和通信代价是有限的，但是数据所有者仍然可能没有有效的计算或带宽资源来维护策略的变化。

为了进一步减少数据所有者的代价，我们提出了将存储对象及授权管理外包给服务器的想法。注意到这个委托是可能的，因为我们相信该服务器能够很好地提供这些服务。但是，对于机密性而言，该服务器是不可信的（诚实但是好奇的）。出于这个原因，我们的方法被设计得非常慎重，并且最小化了服务器与用户合谋来违背数据机密性（见3.9节）的风险。我们的方法能够在加密对象上由服务器来执行策略的变更（而无须对其进行解密）。

3.7.1 双层加密

为了将策略变更的实施委托给服务器，避免数据所有者来执行重加密，我们采用了一个双层加密的方法。所有者加密这些对象，并发送给服务器；服务器能够利用指令一层加密（要遵从数据所有者的指令）。

接下来我们来区分这两层加密。

- **基础加密层**（BEL），该操作由数据所有者在将数据传输给服务器之前执行。按照初始化时间的策略对这些内容执行加密操作。
- **外层加密**（SEL），该操作由服务器执行来处理对象，当然这些对象已经被数据所有者加密。它执行策略上的动态更新。

这两层加密的执行均要依靠一个对称密钥集和这些密钥间的公开令牌集（见3.3节），尽管这里需要做一些必要的调整。

从效率方面来说，使用双层加密并不会产生很大的计算负荷。经验表明，当对来自网络或本地硬盘的数据进行加密时，当前的系统没有太大的延迟。通过对网络传输广泛地使用加密来保护本地文件系统的存储数据来验证了这一点[89]。

基础加密层

与前面的所提到的模型相比，在BEL层我们会区分这两类密钥：衍生密钥和访问密钥。实际上访问密钥被用于加密对象，而衍生密钥用来提供推导能力通过令牌，即仅用衍生密钥作为起点来定义这些令牌。每个衍生密钥k与一个访问密钥k_a相关，k_a通过对k应用安全的哈希函数而产生，即$k_a = h(k)$。因此，BEL层的密钥是成对的$\langle k, k_a \rangle$。注意到衍生密钥和访问密钥分别与唯一一个标签l和l_a相关联。这个计算的原理是区分这两个与密钥相关的内容，即使密钥能够导出（应用相应的令牌）和使对象能够被访问。我们将在3.8节说明为什么需要进行这样的一个区分。

这个BEL层的特征在于与一个加密策略$\mathcal{E}_b = \langle \mathcal{U}, \mathcal{O}, \mathcal{K}_b, \mathcal{L}_b, \phi_b, \mathcal{T}_b \rangle$，其中$\mathcal{U}, \mathcal{O}$和$\mathcal{T}_b$在3.3节被描述，$\mathcal{K}_b$是一个定义在BEL层的（衍生和访问）密钥集，$\mathcal{L}_b$是与衍生及访问密钥相关的公开有效标签集合。该密钥分配和加密方案$\phi_b: \mathcal{U} \cup \mathcal{O} \rightarrow \mathcal{L}_b$与每个用户$u \in \mathcal{U}$以及标签$l$相关，这里$l$对应于由数据所有者发送给用户的衍生密钥，且每个对象$o \in \mathcal{O}$的标签l_a对应于数据所有者用来加密对象的访问秘钥。

同样地，在BEL层，可以使用相应的密钥令牌图将密钥集$\mathcal{K}_b$和令牌集$\mathcal{T}_b$用图来表示。如果存在一个$\mathcal{T}_b$中的令牌可以从k_i中导出k_j或者k_{ja}，那么该图对于每对加密密钥和访问密钥、标签$\langle (k, l), (k_a, l_a) \rangle$以及一条边$(b_i, b_j)$都会有一个顶点。顶点仅被$b$所表示，我们通过对产生访问密钥的令牌使用虚线将导致密钥衍生的令牌和产生访问密钥的令牌区分开来。密钥令牌图中的每个点b_i的特点在于：一个衍生密钥及其相应的标签分别被表示为$b_i.key$和$b_i.label$；一个访问密钥及其相应标签分别表示为$b_i.key_a$和$b_i.label_a$。这个相应的加密策略$\mathcal{E}_b$用3.3节中描述的加密策略图$\mathcal{G}_{\mathcal{E}_b}$表示，这里$u \xrightarrow{\mathcal{E}_b} o$表示一条连接从$u$到$o$的路径，以及接下来的令牌应用安全的哈希函数$h$。注意到虚线边仅仅出现在图中路径的最后一步（因为它们仅允许访问密钥的推导）。图3.16(a)给出了一个例子，说明实施图3.1中的授权策略的BEL密钥令牌图和密钥分配与加密方案。

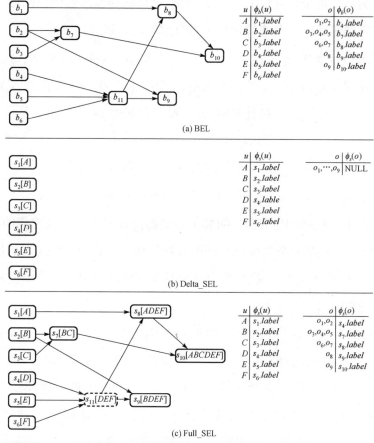

图3.16 BEL和SEL的组合（Delta_SEL和Full_SEL）

外层加密

在SEL层，衍生与访问密钥间没有区别（一个单密钥执行这两个功能）。因此该SEL层由3.3节所描述的加密策略$\mathcal{E}_s = \langle \mathcal{U}, \mathcal{O}, \mathcal{K}_s, \mathcal{L}_s, \phi_s, \mathcal{T}_s \rangle$所刻画。这意味着密钥集$\mathcal{K}_s$和令牌集$\mathcal{T}_s$可以通过一个密钥令牌图来生动地表示，如果存在一个$\mathcal{T}_s$中的令牌可以从$k_i$导出$k_j$，那么该密钥令牌图对于在SEL定义的每个$\langle k, l \rangle$对都有一个点$s$和一条边$(s_i, s_j)$。图中每个点$s$的特点在于：密钥及其相应的标签分别被表示为$s.key$和$s.label$，能够导出$s.key$的用户集则被表示为$s.acl$。相应的加密策略$\mathcal{E}_s$用3.3节中所描述的加密策略图生动表示，这里符号$u \xrightarrow{\mathcal{E}_s} o$表示存在一条从$u$到$o$的路径。

BEL和SEL的组合

在双层方法中，每个对象都能被加密两次：先在BEL层加密，然后在SEL层加密。用户只有通过SEL层才能访问对象。每个用户u会收到两个密钥：一个用来访问BEL，另一个用来访问SEL[5]。用户将能够访问对象因为他们知道这些密钥。

我们需要重新定义策略等价性来考察这两层，描述如下。

定义3.11（策略等价性） 令$\mathscr{A} = \langle \mathscr{U}, \mathscr{O}, \mathscr{P} \rangle$和$\mathcal{E}_b = \langle \mathscr{U}, \mathscr{O}, \mathscr{K}_b, \mathscr{L}_b, \phi_b, \mathscr{T}_b \rangle$分别是一个授权策略和BEL层的加密策略，$\mathcal{E}_s = \langle \mathscr{U}, \mathscr{O}, \mathscr{K}_s, \mathscr{L}_s, \phi_s, \mathscr{T}_s \rangle$是一个SEL层加密策略。$\mathscr{A}$与$\langle \mathcal{E}_b, \mathcal{E}_s \rangle$对是等价的，表示为$\mathscr{A} \equiv \langle \mathcal{E}_b, \mathcal{E}_s \rangle$，当且仅当下列条件成立时：

- $\forall u \in \mathscr{U}, o \in \mathscr{O} : (u \xrightarrow{\mathcal{E}_b} o \wedge u \xrightarrow{\mathcal{E}_s} o) \Rightarrow u \xrightarrow{\mathscr{A}} o$
- $\forall u \in \mathscr{U}, o \in \mathscr{O} : u \xrightarrow{\mathscr{A}} o \Rightarrow (u \xrightarrow{\mathcal{E}_b} o \wedge u \xrightarrow{\mathcal{E}_s} o)$

在原则上，任何BEL和SEL的加密策略都能被确定，只要它们的组合等价于该授权策略。令$\mathscr{A}$是一个初始化时间的授权策略，$\mathcal{E}_b$是一个BEL层的加密策略，它等价于$\mathscr{A}$（如$\mathscr{A} \equiv \mathcal{E}_b$）。我们想出两个基本方法，在双层结构中遵循它。

Full_SEL

该SEL加密策略被初始化（如重复）为BEL加密策略：对于BEL中的每个衍生密钥，我们都在SEL中定义一个相应的密钥；对于BEL中的每个令牌，我们在SEL中定义一个相应的令牌。注意到密钥集$\mathscr{K}_s$和令牌集$\mathscr{T}_s$形成了一个密钥令牌图，这个图与BEL层当前的图是同构的，而且$\mathscr{G}_{\mathcal{E}_s}$与$\mathscr{G}_{\mathcal{E}_b}$同构。该密钥分配和加密方案为每个用户$u$指定了一个唯一的标签$\phi_s(u) = v_s.label$（以及一个唯一密钥$v_s.key$），该标签对应于$\phi_b(u) = v_b.label$。而且它还为每个对象$o$指定了一个唯一的标签$\phi_s(u) = v_s.label$（以及一个唯一的标签$v_s.key$），该标签对应于$\phi_b(o) = v_b.label_a$。这个SEL加密策略模型与BEL加密策略完全一样，因此根据定义它是等价于这个授权策略的（如$\mathscr{A} \equiv \mathcal{E}_s$）。

Delta_SEL

这个SEL策略在开始时并不执行任何的过度加密。每个用户u被指定了一个唯一的标签$\phi_s(u) = v_s.label$以及一个唯一密钥$v_s.key$。此时并不加密任何对象，

---

[5]为了简化密钥管理，SEL中的用户密钥可以通过使用一个安全的哈希函数从BEL中的用户密钥得到。这样，数据所有者需要在初始化阶段向服务器发送每一个用户的SEL密钥的列表。

即 $\forall o \in \mathcal{O}, \phi_s(o) = \text{NULL}$。在开始的时候，SEL层本身并不提供任何额外的保护，但是它却不会修改有BEL所授权的访问权限。

我们注意到还可能有第三种方法，即许可的执行被完全委托给SEL层且BEL仅仅运用一个统一的过度加密（如发送给所有用户相同的密钥）来保护明文内容对于服务器的机密性。我们并未考虑这种方法，因为对于合谋攻击来说，该方法有一个很严重的漏洞（见3.9节）。

很容易看到，我们所描述的所有方法都会产生一个正确的双层加密。也就是说，给定一个BEL层正确的加密策略，该方法会生成一个SEL层，使得授权策略 $\mathcal{A}$ 与 $\langle \mathcal{E}_b, \mathcal{E}_s \rangle$ 对是等价的。

我们考虑Full_SEL和Delta_SEL这两个方法的原因在于它们所提供的不同性能和防护保证。尤其是Full_SEL总是要求执行双重加密（即使许可没有变动），所以它使得用户对于每次访问的解密负荷加倍了。作为比较，Delta_SEL方法仅在需要执行一次许可变更的时候才需要执行双重加密。但是正如在3.9节将要看到的一样，Delta_SEL会暴露更多的信息量，而这并不会影响Full_SEL。对于攻击而言，这两个方法之间的选择可以在代价与可靠性间进行折中。

我们对双层加密的实现做一个评论来结束这一节。在我们的方法中，我们总是假设对某个对象用一个直接完备的加密及其解密来管理过度加密。但是我们注意到，在SEL层服务器能够运用一个懒惰的加密方法，并真正地过度加密该对象当它第一次被访问的时候（并存储这个已经被计算的加密符号），这个懒惰的加密方法与大多数操作系统中所用到的copy-on-write(COW)策略相似；当用户访问该对象的时候，该服务器还有可能存储BEL符号，并动态地运用SEL所驱动的加密。

3.8 双层加密中的策略更新

在3.3节所描述的基本模型中，数据所有者需要执行策略更新进行相应的管理。这个双层方法使得所有者无须再次加密并将对象再次发送给服务器便可以执行策略的更新。作为对照，所有者仅仅在BEL层添加（如果必要的话）一些令牌并将策略的变动委托给SEL层通过要求服务器过度该对象。SEL层（由服务器扮演）收到BEL层（由数据所有者控制）的过度加密请求，会进行相应的操作，调整令牌并加密（解密）对象。

在分析这个新方案的授权与撤销操作之前，我们首先描述SEL层的过度加密。

3.8.1 过度加密

SEL层通过过度加密这些对象来管理更新进程。它收到来自BEL的请求 **Over-encrypt** (O, U)，该请求对应于SEL的需求，以使得对象集O仅对于U中的用户是可访问的。注意到这里的语义与上一节描述的两个加密模型是不同的。在Full_SEL方法中，过度加密必须反映任何给定时间里所存在的真实的授权策略。也就是说，除开在BEL中不会反映的动态策略变更外，它还必须反映BEL策略本身。在Delta_SEL方法中，只有当需要执行额外的限制时（对于由BEL所执行的那些限制）才需要进行过度加密。作为一个特别的情形，这里用户集U可能是全集，当（处理一个授权操作时）BEL确定它的防护是足够强大的，并且要求SEL不要执行任何限制，并删除在过去所强加的过度加密。

接下来，我们将说明这个程序是怎么工作的。程序 **Over-encrypt** 的输入为对象集O和一个用户集U。首先，程序会检查是否会存在一个点s，使得它的密钥$s.key$被用于加密O中的对象，以及是那些能够导出$s.key$的用户集等于U，即$s.acl = U$。如果存在这样的一个点，则用一个密钥来加密O中的对象，该密钥能够反映O中对象当前的acl，程序结束。

注意，因为O中的所有对象共享相同的密钥，所以足以对O中的任意对象o'检查上述条件是否成立。否则，如果O中的对象在当前被过度加密，那么首先用点s的密钥对其进行解密，这里点s满足$s.label = \phi_s(o')$。而且，点s可以从$\mathcal{G}_{\mathcal{E}_b}$中通过程序 **DeleteVertex** 来移除。如果那些有权访问O中对象的用户集不是全集，那么过度加密是必要的（否则不会执行任何操作，因为$U=$ALL是Delta_SEL方法的一种特殊情形）。该程序接下来检验该点s的存在性，这里s是使得能够导出密钥$s.key$（如属于$s.acl$）的用户集等于U的点。如果不存在这样的点，则该程序会调用函数 **CreateNewVertex** 来生成这样的点，并将其插入到SEL层的加密策略图中。然后对于O中每个对象o，该程序会用$s.key$加密o，并相应地更新$\phi_s(o)$和LABELS表。

3.8.2 授权与撤销

考虑图3.17中的第一个程序 **Grant**，它会处理一个请求来同意用户u访问对象o。BEL层开始如下的管理更新进程。首先，$acl(o)$被更新为包含u。然后，程序会取回顶点b_j，该点的访问密钥$b_j.key_a$用来加密对象o。如果该对象的访问密钥不能被u导出，那么会有一个来自于用户密钥$b_i.key$的对于$b_j.key_a$的新令牌被生成并添加到令牌目录中，这里b_i是使得$\phi_b(u) = b_i.label$的点。注意到，对于每个点，衍生密钥和访问密钥间的分割允许我们添加一个令牌，它允许u能够访问这个用于加密对象o的密钥。所以，我们需要严格限制每个用户对于这些信息的知识来保证与授权策略的等价性。事实上，$b_i.key_a$的知识是使u能够访问o的必要条件。但是，有可能存在另外一个被同一密钥$b_i.key_a$加密的对象o'对于u是不可访问的。因为公布$b_i.key_a$会使u可以访问它们，所以它们需要被过度加密使得仅$acl(o')$中的用户可以对其进行访问。接下来，该程序会确定是否存在这样的一个对象集合O'。如果O'非空，该程序会将其分割成多个集合使得每个$S \subseteq O'$包含所有由同一个acl所刻画的那些对象，表示为acl_S。对于每个集合S，程序会调用**Over-encrypt**(S, acl_S)来要求SEL执行一个S的过度加密对于(S, acl_S)中的用户。而且，该程序要求SEL层本身与策略变更同步。在这里，程序的运行会根据所假设的加密模型有所不同。在Delta_SEL的情形中，该程序会首先控制那些能够获得对象访问密钥（如在知道$b_i.key$时利用$\phi_b(u) = b_i.label$可以计算出$b_j.key_a$）的用户集是否等于$acl(o)$。如果成立，则BEL加密已经足够成立，且在SEL层并不需要任何保护，所以此时需要调用**Over-encrypt**$(\{o\}, \text{ALL})$。否则，会调用**Over-encrypt**$(\{o\}, acl(o))$来要求SEL使得o仅仅能被$acl(o)$中的用户所访问。在Full_SEL的情形中，通过一直调用**Over-encrypt**$(o, acl(o))$来完成这一要求，即要求SEL同步它的策略以使o仅仅能被$acl(o)$中的用户所访问。

BEL

GRANT(u, o)

$acl(o) := acl(o) \cup \{u\}$

find the vertex b_j with $b_j.label_a = \phi_b(o)$

if $u \not\xrightarrow{\mathscr{E}_b} o$ then

    find the vertex b_i with $b_i.label = \phi_b(u)$

    $t_{i,j} := b_j.key_a \oplus h(b_i.key, b_j.label_a)$

    $\mathscr{T}_b := \mathscr{T}_b \cup \{t_{i,j}\}$

    upload token $t_{i,j}$ on the server by storing it in table TOKENS

$O' := \{o' : o' \neq o \wedge \phi_b(o') = \phi_b(o) \wedge \exists u \in \mathscr{U} : u \xrightarrow{\mathscr{E}_a} o \wedge u \notin acl(o')\}$

if $O' \neq \emptyset$ **then**

    Partition O' in sets such that each set S contains objects with the same acl acl_S

    for each set S **do**

        Over-encrypt (acl_S, S)

case encryption model **of**

    Delta_SEL: **if** $\{u : u \in \mathscr{U} \wedge u \xrightarrow{\mathscr{E}_b} b_i\} = acl(o)$ **then**

                Over-encrypt(ALL, $\{o\}$)

        else

                Over-encrypt $(acl(o), \{o\})$

    Full_SEL:**Over-encrypt** $(acl(o), \{o\})$

REVOKE(u, o)

$acl(o) := acl(o) - \{u\}$

Over-encrypt $(acl(o), \{o\})$

SEL

OVER-ENCRYPT (U, O)

let o' be an object in R

if $(\exists s : s.label = \phi_s(o') \wedge s.acl = U)$ **then**

    exit

else

    if $\phi_s(o') \neq$ NULL **then**

        find the vertex s with $s.label = \phi_s(o')$

        for each $o \in O$ **do**

            decrypt o with $s.key$

        DeleteVertex (s)

    if $U \neq$ ALL **then**

        find the vertex s with $s.acl = U$

        if $s=$UNDEF **then**

            $s :=$ **CreateNewVertex** (U)

```
for each o ∈ O  do
    φ_s(o) := s.label
    encrypt o with s.key
    update LABELS on the server
```

图3.17 许可$\langle u,o \rangle$的授权与撤销程序

现在，我们考虑图3.17中的 **Revoke** 程序，它会撤销用户对于对象o的访问权限。该程序会更新$acl(r)$来移除用户u，并调用 **Over-encrypt**$(\{o\}, acl(o))$来要求SEL使o仅仅能被$acl(o)$中的用户所访问。

从性能方面来看，这个授权和撤销程序仅要求一个直接的BEL和SEL的导航结构，并且它会产生一个发送给服务器的认证请求，而这些所花费的时间将会少于将消息发送给服务器的时间。

例3.3 考虑图3.16中所描述的双层加密策略。图3.18和图3.19说明了当接下来的授权和撤销操作被执行时，$\mathscr{O}$中的对象相应于$\phi_a(o)$和$\phi_s(o)$的密钥和令牌图的演变。注意到，我们并不会向$\mathscr{U}$的用户报道$\phi_a(o)$和$\phi_s(o)$，这是因为他们不会因授权或者撤销操作而变更。而且SEL层的密钥令牌图的形成在例3.2中被描述。

- **Grant**(D, o_3)：首先通过插入D来更新$acl(o_3)$。接下来，因为不能从与$\phi_a(D)$相对应的点b_4的衍生密钥中导出用于加密o_3的访问密钥$b_7.key_a$，所以数据所有者会添加一个BEL令牌使得可以从$b_4.key$计算出$b_7.key_a$。因为$b_7.key_a$还用于加密对象o_4和o_5，而D是不被授权访问的，所以这些对象必须用这样的一种方法进行过度加密，即使得它们仅能被用户B和C所访问。在Delta_SEL方案中，过度加密会为o_4和o_5生成一个新的点s_7，且$s_7.acl = BC$。在BEL层对于o_3的保护是足够的，并不需要任何的过度加密（如调用$U = $ ALL的程序 **Over-encrypt**）。在Full_SEL方案中，对象o_4和o_5被很好地保护起来，而o_3被点s_{12}的密钥过度加密，该点由函数 **CreateNewVertex** 生成，并被插入到图中。最后，我们调用参数为s_7的程序 **DeleteVertex**，由于$s_7.key$被用于加密o_4和o_5，所以不会从图中移除点s_7。

- **Revoke**(F, o_8)：我们首先通过移除F来更新$acl(o_8)$。因为现在$acl(o_8)$变成了$\{BEF\}$，所以此时仅仅该用户集能计算出一个密钥来过度加密o_8。因此，在Delta_SEL和Full_SEL方案中，会生成一个表示BEF的新的点s_{13}，并且它的密

钥用于保护o_8。而且在Full_SEL方案中，会调用参数为s_9的程序**DeleteVertex**。因为s_9不再是一个有用的点，所以可以从图中移除。我们以s_2和s_{11}为参数，递归地调用该程序。点s_2没有被移除，这是因为它等于用户B，而s_{11}却从图中被移除。

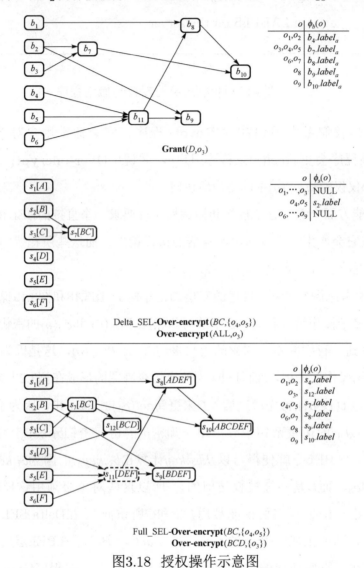

图3.18 授权操作示意图

3.8.3 正确性

现在，我们来证明执行授权和撤销操作的这个程序仍然保持策略的等价性。

定理3.7 令$\mathcal{A} = \langle \mathcal{U}, \mathcal{O}, \mathcal{P} \rangle$是一个授权策略，$\mathcal{E}_b = \langle \mathcal{U}, \mathcal{O}, \mathcal{K}_b, \mathcal{L}_b, \phi_b, \mathcal{T}_b \rangle$是一个BEL层的加密策略，$\mathcal{E}_s = \langle \mathcal{U}, \mathcal{O}, \mathcal{K}_s, \mathcal{L}_s, \phi_s, \mathcal{T}_s \rangle$是一个SEL层加密策略，并且使得$\mathcal{A} \equiv \langle \mathcal{E}_b, \mathcal{E}_s \rangle$。图3.17中的程序会生成一个新的$\mathcal{E}'_b = \langle \mathcal{U}, \mathcal{O}, \mathcal{K}'_b, \mathcal{L}'_b, \phi'_b,$

第3章 执行访问控制的选择性加密

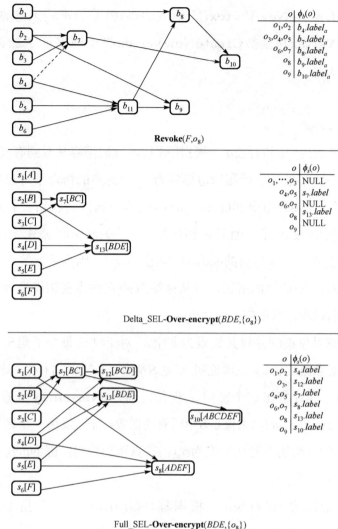

图3.19 撤销操作示意图

$\mathcal{T}'_b\rangle$和$\mathcal{E}'_s = \langle \mathcal{U}, \mathcal{O}, \mathcal{K}'_s, \mathcal{L}'_s, \phi'_s, \mathcal{T}'_s\rangle$,以及$\mathcal{A}'$使得$\mathcal{A}' \equiv \langle \mathcal{E}'_b, \mathcal{E}'_s\rangle$。

证明 因为在调用程序 **Grant**和**Revoke**时假设有$\mathcal{A} \equiv \langle \mathcal{E}_b, \mathcal{E}_s\rangle$成立,所以我们将仅考虑加密与授权策略变更时的用户和对象。授权和撤销是以过度加密操作的正确性为基础的,而这是我们要优先考虑的。

过度加密 我们需要证明**Over-encrypt**(O, U)能够用一个密钥来加密O中的所有对象,当且仅当$u' \in U$时这样的密钥可以被用户u'导出。我们所需要考虑的情况是:用户集合U不同于ALL时的情形(当$U = $ ALL时,O中的对象不需要过度加密)。然后,如果在第一个**if**语句中的条件为真,则结果是正确的。否则,O中对象可以被优先解密,然后用一个正确的密钥$s.key$或

者是由函数 **CreateNewVertex**(U) 生成的点 s 相关的密钥来加密该对象。这里程序 **DeleteVertex** 和函数 **CreateNewVertex** 的正确保证了加密的正确性（引理3.4和引理3.3）。

授权

$\langle \mathscr{E}'_b, \mathscr{E}'_s \rangle \Rightarrow \mathscr{A}'$

接下来考虑用户 u 和对象 o。根据图3.17，我们很容易看到有 $\phi'_b(o) = \phi_b(o)$，而且会有一个令牌（集）使得在知道标签为 $\phi'_b(u)$ 的点的情形下可以用 $\phi'_b(o)$ 导出该点的密钥。根据 **case** 的指令和 **Over-encrypt** 的正确性，我们会有 $\phi'_s(o) = \text{NULL}$ 或者 o 被一个密钥过度加密，且该密钥使得从标签为 $\phi'_s(o)$ 的点密钥能够通过 $\mathcal{T}'_s$ 导出标签为 $\phi'_s(o)$ 的点密钥（当前的 $acl(o)$ 包含用户 u）。因为从标签为 $\phi'_b(u)$ 的点密钥能够导出标签为 $\phi'_b(o)$ 的点的密钥，且从标签为 $\phi'_s(u)$ 的点密钥能够导出标签为 $\phi'_s(o)$ 的点的密钥，所以我们有 $u \xrightarrow{\mathscr{A}'} o$。

现在考虑对象集 O' 并将其假设为非空。对于 O' 的每个子集 S，用户 u 都能导出用于加密该对象集的密钥。这说明 $\forall o' \in S$ 都有 $\phi'_b(o') = \phi_b(o')$，这表示可以从标签为 $\phi'_b(u)$ 的点密钥计算出这个密钥。但是，因为 **Over-encrypt** 的正确性，我们调用 **Over-encrypt**(S, acl_S) 来保证 S 中所有的对象 o' 都可以用一个密钥过度加密，而标签为 $\phi'_s(o')$ 的点密钥不能从标签为 $\phi'_s(u)$ 的点密钥导出，因为 acl_S 并不包含 u。

$\langle \mathscr{E}'_b, \mathscr{E}'_s \rangle \Leftarrow \mathscr{A}'$

现在考虑用户 u 和对象 o。根据程序 **Grant** 的第一个指令，我们有 $u \xrightarrow{\mathscr{A}'} o$。根据图3.17中的伪代码，我们很容易得到 $\phi'_b(o) = \phi_b(o)$，并且在知道标签为 $\phi'_b(u)$ 的点密钥情形下，可以计算出其相应的密钥。而且，根据 **case** 指令和 **Over-encrypt** 的正确性，会有 $\phi'_s(o) = \text{NULL}$ 或者 o 被标签为 $\phi'_s(o)$ 的点密钥过度加密，其中该密钥可以从标签为 $\phi'_s(o)$ 的点密钥计算出。

撤销

$\langle \mathscr{E}'_b, \mathscr{E}'_s \rangle \Rightarrow \mathscr{A}'$

现在考虑用户 u 和对象 o。我们调用 **Over-encrypt**($\{o\}, acl(o)$)，请求SEL使得仅当前 $acl(o)$ 中的用户才能访问 o。我们知道 $u \xrightarrow{\mathscr{E}'_b} o$。而且根据 **Over-encrypt** 的正确性，我们了解到此时不能从标签为 $\phi'_s(u)$ 的点密钥计算出标签为 $\phi'_s(o)$ 的点密钥。

$\langle \mathscr{E}'_b, \mathscr{E}'_s \rangle \Leftarrow \mathscr{A}'$

现在考虑用户 u 和对象 o。因为该程序的第一个指令，使得 u 无法通过 $\mathscr{A}'$ 访问对象o。接下来调用 **Over-encrypt**$(\{o\}, acl(o))$使得用户u不再拥有对o的访问权限，这是因为o被某个密钥过度加密，而该密钥却不能再次被u导出（这是因为**Over-encrypt**的正确性）。也就是说，从标签为$\phi'_b(u)$的点密钥可以导出标签为$\phi'_b(o)$的点密钥，但却无法从标签为$\phi'_s(u)$的点密钥导出标签为$\phi'_s(o)$的点密钥。

3.9 保护计算

因为在初始阶段，BEL和SEL加密策略等价于授权策略，所以图3.17中的程序正确性保证了授权策略$\mathscr{A}$和$\langle\mathscr{E}_b, \mathscr{E}_s\rangle$对是等价的。也就是说，在某一时间的任何点的位置，用户将能够直接或间接地访问那些必需的密钥位于BEL和SEL层的对象。这里我们所采用的密钥衍生函数在文献[8]中被证明是安全的。我们还假设所有的加密函数和令牌都安全的，即使组合多个用户的有效信息也不能攻破它们。而且，我们还假设每个用户都能够很好地管理其密钥，并排除了一个用户从另一个用户偷取密钥的可能性。

对于合谋攻击或者那些有访问权限并存储着所有服务器信息的用户而言，我们仍然要评估这个方法是否是脆弱的。这里不同的用户（或者是用户和服务器）联合那些他们不能（能）访问的对象的知识。注意到对于合谋的存在性，双方都应该在交换中有所收获（否则他们将不会有合谋的动机）。

为了模拟暴露的情形，我们首先检查这些不同的视图，也就是关于o用户所能看到的信息，利用中心处的对象o的图像符号和那些表示阻止访问、o的周围的防护。该权限是被那些用于BEL层（内层防护）和SEL层（外层防护）加密o时所用到的密钥知识所强加的。如果没有相应的密钥知识（无法通过屏障），这个围墙是连续的，否则它是不连续的（可以通过这个障碍）。

图3.20描述了那些关于对象所存在的不同视图。图3.20(a)中，是一个服务器的视图，服务器知道SEL层的密钥但是却没有BEL层密钥的访问权限。而在图3.20右边的图中，有好几个不同的用户视图，对于这些用户，对象可以是：

- open：用户知道BEL层和SEL层的密钥（图3.20(b)）；
- locked：BEL层和SEL层的密钥对于用户均是未知的（图3.20(c)）；
- sel_locked：用户仅知道BEL层的密钥，但不知道SEL层的密钥（图3.20(d)）；
- bel_locked：用户仅知道SEL层的密钥，但不知道BEL层的密钥（图3.20(e)）。注意这个视图等于服务器的视图。

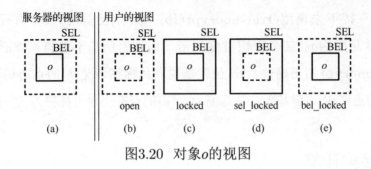

图3.20 对象o的视图

根据授权策略和加密策略的等价性（定理3.7），open视图对应于授权用户的视图，而其他的视图对应于非授权用户的视图。

现在我们再来考察可能的信息泄漏，保守假设用户都不是健忘的（如他们有能力无限存储那些他们有权访问的信息）。

3.9.1 暴露风险：Full_SEL

在Full_SEL方法中，在初始化时BEL和SEL被完全同步。对于每个用户，对象随后被两个密钥所保护，或者不受它们保护：授权用户将拥有open视图，而非授权用户会得到locked视图。图3.21总结了从这两个图所变形的可能视图。

我们首先检查open视图的发展。因为BEL层的对象未被重加密，所以仅当我们撤销用户的授权权限时，该授权用户的视图会发生变化。在这种情形下，该对象会在SEL层被过度加密，然后会变为用户的sel_locked视图。如果该用户再次被授权（如移除过度加密），则可以将该视图恢复到open视图。

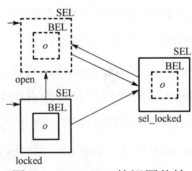

图3.21 Full_SEL的视图传输

接下来检查locked视图的进程。根据SEL的构造和在Full_SEL方法中的维持，不会发生下列事件，即SEL授予一个用户访问权限，该权限在BEL层是被阻止的，因此不会得到bel_locked 视图。该视图反而会变成open视图，此时该用户被授权访问这个对象；或者该视图变为sel_locked视图，此时用户得到BEL层的访问密钥但却没有SEL层的密钥。如果BEL 层密钥的分配对于使该用户能够访问另一个对象o'是必要的，即在BEL层，加密o'的密钥与加密o的密钥相同，则会发生上面所描述的第二种情形。我们假设在初始时间里，用同一密钥加密对象o和o'，且它们都不能被用户u所访问（见图3.22最左边的视图）。接下来假设u被授权访问o'。为了使o'在BEL层是可访问的，我们添加一个令牌使该密钥对应于可以被u所导出的标签$\phi_b(o)$，这里$\phi_b(o) = \phi_b(o')$。所以o'将在SEL层被过度加密且该密钥对应于可以被u所导出的标签$\phi_s(o')$。图3.22说明了因此而产生的情形，这里o'是开放的且o会产生sel_locked的视图。

现在来分析合谋用户可能的视图。这里我们不考虑拥有open和locked视图的用户，这是因为他们合谋时并不能得到任何有用的信息。而且，在Full_SEL方法中，不会有人（服务器除外）得到bel_locked的视图。因此我们仅考虑拥有sel_locked的视图的用户。因为那些拥有相同视图的用户在合谋时并不能得到任何有用的信息，所以合谋的情形仅可能发生在服务器（它有一个bel_locked的视图）和有sel_locked视图的用户间。在这种情形下，服务器的知识会削弱外层防护，而用户知识会削弱内层防护：这些知识的联合将能够摧毁这两层防护从而得到对象的open视图。用户持有一个sel_locked视图且该用户没有该对象的访问权限（如该用户不属于这个对象的acl），对于这些对象会出现合谋的风险。事实上，如果用户获得某个对象的访问权限，且这个对象是该用户以前能够访问的，那么该用户在与服务器合谋时并不会有任何的收获。

除了不同参与方间合谋之外，我们还要考虑单用户在任何不同时间联合一个对象视图时所产生的暴露风险。很容易看到，所有非授权用户在Full_SEL方法中以该对象的一个locked视图开始（按图3.21 中的描述传输），这不存在暴露风险。一般来说，如果发送给该用户SEL层的密钥（因此他有可能破坏这个脆弱的防护），因为该用户在某一时刻有权访问o，他被授权访问该对象，所以存在暴露风险。

3.9.2 暴露风险：Delta_SEL

在Delta_SEL方法中，那些不被授权访问某个对象的用户，在初始时间里，拥有该对象的bel_locked视图。该视图能够变化为open，sel_locked或者locked视图。在该视图变成open的情形中，该用户被授权访问o；在该视图变成sel_locked的情形中，该用户被授权访问o'；即在BEL层加密o'的密钥与加密o的密钥相同；该视图会变成locked视图，如果另一个用户获得对象o'的访问权限，即在BEL层加密o'的密钥与加密o的密钥相同，也就是说，BEL层和SEL层的密钥对于该用户均是未知的。图3.23描述了视图的转换。显而易见，在这种情形中单用户能够得到两个不同的视图：sel_locked 和bel_locked。也就是说，一个预计划的用户能够在初始时间通过他所得到并存储的o'的bel_locked视图恢复该对象，当他未被授权时。如果在下一个时刻，发送给该用户一个标签为$\phi_b(o)$的密钥使他能够访问另一个对象o'，那么他能够获得o的open视图。注意到那些有可能暴露给一个用户的对象集合与那些在用户和服务器间在Full_SEL 方法中合谋时所暴露的对象一致。

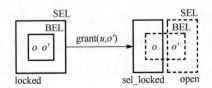

图3.22 从locked到sel_locked的视图

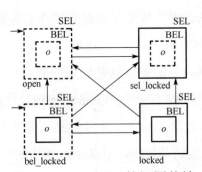

图3.23 Delta_SEL的视图传输

值得注意的是，在这两种情形中（Full_SEL和Delta_SEL），泄密仅限于那些在策略分割中所涉及的对象，这些对象使得用相同BEL密钥加密的其他的对象对于该用户也是可访问的。因此泄密是有限制的并且能够被很好的确认。这使得所有者可以通过选择确切的重加密或者通过恰当的设计来抵抗暴露风险（我们将在下一节对其进行分析）。

该联合分析解释了我们没有考虑3.7节中的第三个加密方案的原因。在这个方案中，所有于该对象未授权的用户总会有该对象的sel_locked视图并且能够与服务器进行合谋。事实上，对于那些使得所有对象暴露的对象BEL密钥是一样的（因为服务器仅需要一个密钥就能够访问所有的这些对象）。

3.9.3 设计要素

根据上述分析，对于Full_SEL 和Delta_SEL方法我们有下述结果。

- 泄密防护。 Full_SEL能够提供更好的防护性能，因为它降低了泄密风险，该风险仅局限于和服务器进行的合谋。与之相比，Delta_SEL方法会对单个用户产生泄密。

- 性能。 Delta_SEL方法的性能更优越。这是因为仅当在接收到许可变更的要求时，它会执行过度加密。与之相比，Full_SEL方法一直对对象执行双重加密，所以便产生了额外的负荷。

从这些观察中，我们得到了一些结论。当所有者在Full_SEL 和Delta_SEL间进行选择时他需要服从这些结论。如果数据所有者知道：

- 该访问策略是相对静止的；
- 或者那些在初始时间共享相同 acl 的对象集所表示的语义关系，这个关系很少被策略的发展所分割；
- 或者对象被细粒度地集合到BEL，这里大部分的BEL顶点与单个对象或若干对象相关。

因此对于合谋的情形，数据泄密的风险被限制于Delta_SEL方法中，而处于性能的考虑我们更偏爱这种方法。

通过比较，如果权限有一个更动态或者混沌的行为，那么Full_SEL方法出于合谋的原因更加适合限制泄漏风险（必须牵扯到服务器）。 而且，通过合适的组合对象来减少策略分割的可能性可以最小化合谋的风险。 通过产生一个更加细粒的加密或者更好地定义那些由固定语义关系所刻画的对象集，我们可以做到这一点（在这两种情形中，对相同的 acl 使用不同的BEL密钥）。

3.10 实验结果

对于所提出的这些技巧，一个重要的问题在于可扩展性。 如果它们无法大规模地应用于实际中，那么它们的潜力被大大削弱了。 对于这些方法大规模设置的一个适应性的验证可以从一个大型系统中恢复一个复杂的授权策略开始，其目的是用上述方法计算出一个等价的加密策略。 不幸的是，我们找不到大规模的访问控制系统，来为我们在本章所提到的方法进行一次重要的测验。 今天大部分结构丰富的访问策略是以大型企业方案为特征的。但是这些典型的策略的结构却相当糟糕，这在我们的系统中可以用有限数目的令牌来表示，而且算法的结构部分几乎不会有任何的作用。接下来，我们需要执行一个不同策略来保证我们的方案获得强健可扩展性，通过构造一个大规模的相互连贯的模拟方案来实现。我们稍后会讨论，单一的一个实验是不够充分的，我们设计了两套实验，这些实验覆盖了不同的设置，用两个不同的方法来请求服务器。

第一个方案开始的前提是用数据外包平台来支持对象在用户间的交换和传输。其思想是用一个大型社交网络的结构描述来驱动许多的对象传播请求。对于大型社交网络结构而言，我们将一个源头认定为一个合著关系，该关系由DBLP文件目录索引表示。DBLP[39]是一个著名的书目数据库，其当前索引超过100万。在第一套实验基础上，我们给出一个假设，即每篇文章表示其所有作者都能访问的一个对象。

这个DBLP合著的社交网络已经成为了好几项调查研究的科目。该网络的结构与其他的社交网络结构相似，被综合分类为一个幂律结构或者自相似结构。我们利用C++程序从一个随机作者开始，并考虑他所有的出版物及其合作作者，然后，随机选取一个联合作者及其出版物，通过扩展用户群体和对象集，其相应的合著者被反复找回。接下来，我们构建一个基于令牌的与访问策略一致的加密策略，其中每个作者有权访问所有他曾经出版或联合出版过的文献。

在实验中我们所考虑的第一个度量表示访问策略所需的令牌数目。图3.24描述了令牌数目是如何随着用户数目增加的。我们观察到这是一个线性的增长且令牌数目仍然非常少（2000个作者时有3369个令牌）。

另一个重要度量是衡量后备非决定性顶点身份的影响。该优化在DBLP方案中产生的好处非常有限，正如从图3.24中看到的那样（因为引入了12个非决定性顶点，所以从3369个令牌中得到18个令牌），其基本原理是社交网络结构稀疏。由于已经有其他研究在自相似网络上对其进行了证明，它们被一些节点所刻画，这些节点表示了高层的正确性，但大多数网络节点被一些其他节点宽松地连接起来并形成了小规模被严格连接的团体。接下来，对于这种情形而言基于令牌的加密策略会产生一个相当简单的图，并且所涉及的令牌非常少。这是一个积极并且重要的性质，它证明了我们的方法能够以一个有效的结构快速应用到大型社交网络中。

考虑上述实验方案中所出现的进程，检查系统在更困难的、有一个复杂的访问控制策略的设置中的运行是一个很有趣的事情。我们对本节介绍的最优化应用所

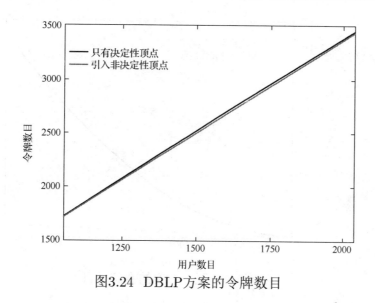

图3.24 DBLP方案的令牌数目

产生的利益尤为感兴趣。作为一个典型的选择传输方案，我们考虑体育新闻数据库的实例研究，这种情形在文献[34,40]中被分析。所选择的服务会负责一个有t个小组的系统，这里每个小组由pt个参与者组成，并且被一个管理者所指挥。假设该服务被s个小组的支持者所使用，订阅者也按照该描述进行定义。而且一个记者的集合会服从这个联盟并使用该服务与tr个小组进行工作。这些记者被分成含有rm个元素的集合，且每个集合由一个管理者进行调整。在所考虑的方案中，每个科目（小组管理者、记者、记者管理者和订阅者）都能够订阅任意数目的对象，这些对象被运动员新闻和小组新闻所划分。与文献[34,40]中所描述的一致，授权给订阅者的许可集合被模拟为一个重要方案中相当大的计算算法。被每个订阅者所访问的小组新闻数目以及该小组的运动员新闻服从$Zipf$分布，该分布随着订阅者的数目s而增加。

图3.24呈现了一个新奇的结果（连续的线），它描述了表示该策略所需的令牌数目。我们马上观察到每个用户所需要的令牌数目是非常大的，这是因为在实验中所用到的策略结构是更加复杂的。而且，在运用最优化方法之后的令牌数目的增长与用户数目的增长呈线性的关系，对于大型配置也未呈现出有分歧的迹象。图3.25说明了引入非决定性顶点的身份所带来的优势。很容易观察到这个优势是巨大的，且令牌数目平均减少了82%。

总的来说，从这个实验中我们得到两个结果。首先，本节所描述的方法能够处理大型的方案，尤其是当访问策略的结构类似于这里所描述的社交网络的时候。其

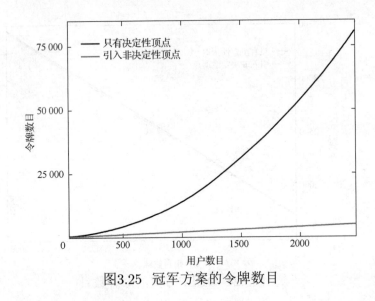

图3.25 冠军方案的令牌数目

次,对于复杂的访问策略,该策略提出了一个复杂的结构并且每个用户都需要大量的令牌,使用本节所提出的最优化方法通过将表示该策略的令牌总数保持在一个易管理的层面,能够极大地降低复杂度。

3.11 小结

数据管理外包到提供存储能力服务和高带宽分配渠道的外部服务机构已逐渐形成一种新兴的趋势。由此而论,有选择性的发布需要强制措施保护来自未经授权用户以及"诚信却又好奇"的服务器的数据机密性。当前的解决方法是利用加密结合本身的索引功能提供数据保护,但受到限制,要求参与的用户每次选择性访问是被强制执行或访问程序被篡改。本章提出了一个模型,该模型有效地将加密管理服务器的访问控制策略系统化,同时允许高效地数据访问最佳公共目录结构。自最重要的问题出现在使用密码学作为执行访问控制是管理政策的更新,我们介绍了执行的想法授权策略通过使用两层选择性加密。我们的解决方案提供了显著的效益,成本更低更快地实现授权政策更新和一般的系统效率。我们相信这些效益对一个新兴场景的成功非常关键,成功的关键因素特征是一个巨大的新兴场景的数据集合必须分布在一个选择性的方式各种各样的用户。

第4章 结合分裂与加密以保护数据秘密[1]

保护数据隐私性的传统方法是基于加密。但是，处理加密数据会导致查询处理的代价很高。在这一章，我们提出一种将数据分裂（data fragmentation）与加密相结合的方法来确保数据收集的隐私性。我们将隐私性要求建模成保密性限制，来描述单一属性以及它们之间的关联的敏感性。然后利用加密作为一个基础的（方便可行的）方法使得数据不能被理解，而利用碎片来破坏属性之间的敏感关联。我们介绍了精确的和启发式的算法来计算一个碎片，使碎片对查询效率的影响尽可能达到最小。

4.1 引言

信息或许是当今最重要、最有价值的资源。越来越多的个人组织和政府组织正在搜集大量的数据，这些数据被收集和保留下来，且通常包含敏感的个人身份信息。在这样的环境下，确保数据的隐私性，让它们存储在系统或进行外部组织之间的交流，成为一个基本的需求。

个人、隐私权的拥护者和立法者是当今投入越来越多关注于支持信息收集上的隐私性的人。越来越多的规则被建立起来以响应这些需求，当组织存储、运行或与其他组织共享这些信息时，这些规则便强制它们提供敏感信息的隐私性保证。最近的规则（见文献[22]、[78]）要求特殊类型的数据（如揭露健康状况和

---

[1]本章的部分内容出现在由V. Ciriani, S. De Capitani di Vimercati, S. Jajodia, S. Foresti, S. Paraboschi, P. Samarati完成发表在ACM Transactions on Information and System Security (TISSEC), Vol. 13:3, July, 2010的论文 "Fragmentation and Encryption to Enforce Privacy in Data Storage" [29]中。ⓒ 2010 ACM, Inc.经许可后转载至 http://doi.acm.org/10.1145/1805974.1805978。部分内容出现在由V. Ciriani, S. De Capitani di Vimercati, S. Foresti, S. Jajodia, S. Paraboschi, P. Samarati完成发表在Proc. of the 29th International Conference on Distributed Computing Systems (ICDCS 2009), Montreal, Canada, June 2009的论文 "Fragmentation Design for Efficient Query Execution over Sensitive Distributed Databases" [28]中。经ⓒ 2009 IEEE许可后转载。

性生活的数据，或者像ZIP数据和可以用来唯一确定个人身份的出生数据[83]）要么是加密过的，要么与其他个人身份信息保持独立（来阻碍它们与特殊个体之间的联系）。信息隐私性保证也可能是由阻止关键信息的滥用的需求而衍生出来的。例如，"支付卡行业（PCI）数据安全标准"[77]强制所有的商业组织在办理（managing）信用卡信息（如VISA和MasterCard）存储数据时提供加密方法。该标准还明确地禁止直接使用算法系统提供的存储加密，而需要访问加密密钥，该加密密钥是与管理用户身份和特权的算法系统服务相分离的。

这个加密要求幸亏与现在的加密功能在计算机体系结构中的实现越来越低耗费的事实相吻合，限制系统运行的代表性因素是在系统内和在分离的系统之间传输信息的信道的容量。这样，密码成为在存储或信息交流时支持保护隐私的代价并不高的工具。

但是，从数据访问的观点来看，处理加密信息就是一种负担，因为加密并不总能高效地执行查询和评估数据状况。事实上，保证数据集合的隐私性的一个直接的方法是加密所有的数据。例如，第2章和第3章所讨论的，在数据库外包的情形中采用的技术[35,55]。在这样一个加密包装方法之下的假设是所有数据都有相同的敏感度，因此加密是保护它们所需要付出的代价。在许多情况下，这是一个典型的小题大做。事实上，在许多情形中数据本身不是敏感的，真正敏感的是它们与其他数据之间的联系。举一个简单的例子，可以将医院的治愈病症的列表或病人的名单公开，但是具体的病症与病人个体之间的联系是敏感的，必须受到保护。因此，如果有其他方式保护它们之间的联系的话，就没有必要同时加密病症和病人。

保护敏感数据或数据间的敏感联系的一个有前景的方法是结合使用分裂和加密。分裂与加密给数据存储提供保护，或者当传播数据时，都要确保没有敏感的信息直接地（即出现在数据库）或是间接地（即来自数据库的其他信息）泄漏。有了这个方法，数据可以被外包和存储在一个不可信任的服务器上，特别地，可以获得更低消耗、更高可用性和更有效的分布式访问。只让一部分数据加密的优势在于，将会更有效和更安全地管理所有那些不需要重构机密信息的查询，并且仅在非常需要展示"最低特权"原则的具体实现时，才会使用更高级别的特权的思想。

我们的工作在关系数据库的框架中。这个选择的原因是关系数据库是目前为止隐私监管主体的数据管理的最通用的解决方案；而且，它们的特征在于一个清晰的数据模型和一个简单的查询语言，从而帮助解决方案的设计。然而，注意到我们的模型可以很容易地适用到代表其他数据模型（如文件夹或XML文档中的记录）的数据保护中。

如第2章讨论的，分裂和加密结合使用来保护机密性最初由文献[2]提出，其中信息是存储在两个分离的服务器，并且基于服务器之间不能相互通信的假设下。这个假设在实际操作中显然太强了。我们的方法克服了上述限制：它甚至允许在一个单服务器上存储数据而且使仅用加密形式表示的数据量达到最小化，因此允许有效的查询。

这一章，在介绍了将机密性限制作为一个简单又强大的取得隐私性要求的方式之后，给出三个不同方法设计一种分裂来仔细探讨运行问题。第一个方法试图使构成解决方法的碎片的数量达到最小，第二个方法是基于成对属性之间的相互吸引（affinity），第三个方法采用一个完整的工作量查询配置系统。然后，我们介绍一个完整的搜索算法，该算法计算一个最优的分裂并满足机密性限制，适用于三个最优的模型。而且对于所考虑的每一个代价模型，我们给出一个特设的（ad hoc）多项式时间的启发式算法。我们的方法也使用加密索引，试图引进它们以分析敏感数据的攻击。相对于使用直接搜索策略的计算结果，实验结果支撑了这三个启发式算法产生的解决方法的质量。

4.1.1 本章概述

本章其他部分安排如下。4.2节形式化地定义了机密性限制。4.3节给出我们的结合分裂与加密来执行机密性限制的模型。4.4节介绍了极小分裂（minimal fragmentation）的定义并指出这是一个NP困难问题。4.5节描述了一个完备的搜索方法，该方法可以高效访问解空间格。4.6节介绍了极小向量分裂（vector-minimal fragmentation）的定义并给出一个启发式算法用以计算一个满足该定义的分裂。4.7节介绍了属性相吸（attribute affinity）的概念。4.8节给出了一个启发式算法用以计算一个由相吸（affinity）引导的分裂。4.9节介绍了基于查询工作量的消耗模型（cost model）。4.10节展示了一个计算由执行消耗查询引导的分裂的算法。4.11节说明如何将定义在原始数据的查询映射到等价的在分裂上执行的查询。4.12节讨论引进对加密属性的索引。4.13节给出实现完备搜索和启发式算法而得到的实验结果。最后，4.14节给出了总结。

4.2 机密性限制

与其他方案一样（如文献[2]和[83]），考虑这样一种情形，要保护的数据表示成一个关系模式$R(a_1,\cdots,a_n)$上的一个单一关系r，该关系模式$R(a_1,\cdots,a_n)$包含了所有需要保护的信息。为了简单起见，在不产生歧义的时候，用R来表示关系模式R或R中的属性集（而不使用$R.*$）。

我们通过机密性限制用一种非常简单而有力的方法对隐私性要求进行建模，如下所示。

定义4.1（机密性限制） 令$\mathscr{A}$为一个属性集，一个$\mathscr{A}$上的机密性限制c是：

（1）一个单元素集$\{a\}\subset\mathscr{A}$，表明属性值是敏感的（属性可见度）；

（2）一个$\mathscr{A}$中的属性子集，表明给定属性值之间的关系是敏感的（关系可见度）。

虽然简单，一个机密性限制支持不同的机密性要求的定义，如下所示：

- 一些属性值被认为是敏感的，因此不能用明文存储。例如，电话号码或邮件地址可以被看成是敏感的值（即使没有跟任何的身份识别信息联系起来）。

- 给定属性值之间的联系是敏感的，因此不应该发布。例如，虽然医院病人的名单和病例的列表本身都不是机密的，但是病人的名字与病例之间的联系被认为是敏感的。

注意到定义在属性之间的联系上的限制来自不同的需求：它们可能对应于一个明确需要保护的联系（如上述的名字跟病症），或者对应于那些可以推断出其他敏感信息的联系。看一个后者的例子，考虑一家医院的数据库，假设病人的名字被认为是敏感的，因此不能用明文存储，而Occupation与ZIP码的联系可以作为一个准标识符（quasi-identifier）使用（即Occupation和ZIP可以用来帮助识别病人的身份，它们可能与外部信息联系起来，并因此去推断病人的名字，或者减少关于他们的名字的不确定因素）[30,83]。可以通过指定一个限制来保护Occupation和ZIP码的联系来简单地封锁这个推断渠道。看另一个例子，考虑这种情况：属性Name不被看成是敏感的，但是它与Sickness之间的联系被看成是敏感的。再次假设Occupation与ZIP码可以作为一个准标识符（quasi-identifier）使用（潜在地泄漏名字的信息）。在这种情况下，将会指定关系限制来保护Occupation、ZIP和Sickness之间的联系，这意味着这三个属性不应该用明文一起访问。

我们对规定一个良好定义的机密性限制集合感兴趣，形式化定义如下。

定义4.2（良好定义的限制） 一个机密性限制集 $\mathscr{C} = \{c_1,\cdots,c_m\}$ 称为良好定义的，当且仅当 $\forall c_i, c_j \in \mathscr{C}, i \neq j, c_i \not\subset c_j$ 且 $c_j \not\subset c_i$。

从这个定义可以看出，一个 $\mathscr{A}$ 上的限制集 $\mathscr{C}$ 不能包含一个是另一个限制的子集的限制。这个性质背后的根据是，不论什么时候，有两个限制 c_i, c_j，且 c_i 是 c_j 的一个子集（反之亦然），满足限制 c_i 意味着满足限制 c_j（见4.3节），因此 c_j 是多余的（redundant）。

例4.1 图4.1(a)的Patient关系，包含了一家医院的病人的信息。由于立法规定或者内部约束，医院需要执行的隐私性要求在图4.1(b)有说明：

- c_0 是一个单独限制，表示病人的SSN列表被看成是敏感的；
- c_1 和 c_2 表明Name和Occupation之间，以及Name与Sickness之间的关系被看成是敏感的；
- c_3 表明Occupation、ZIP和Sickness之间的关系被看成是敏感的（依据是Occupation和ZIP是准身份标识符[83]）。

注意，病人的Name和SSN之间的关系是敏感的，也应该受到保护。但是，这样的限制没有说明，因为这是多余的，SSN本身已经被公告为敏感的（c_0）。事实上，保护SSN这个独立的属性就意味着保护它与其他属性之间的联系。

\multicolumn{5}{c}{Patient}	
SSN	Name	Occupation	Sickness	ZIP	
123-45-6789	A. Smith	Nurse	Latex al.	94140	
987-65-4321	B. Jones	Nurse	Latex al.	94141	
246-89-1357	C. Taylor	Clerk	Latex al.	94140	
135-79-2468	D. Brown	Lawyer	Celiac	94139	
975-31-8642	E. Cooper	Manager	Pollen al.	94138	
864-29-7531	F. White	Designer	Nickel al.	94141	

$c_0=\{\text{SSN}\}$
$c_1=\{\text{Name, Occupation}\}$
$c_2=\{\text{Name, Sickness}\}$
$c_3=\{\text{Occupation, Sickness, ZIP}\}$

(a) (b)

图4.1 明文关系的例子(a)及其良好定义的限制(b)

4.3 分裂与加密满足限制

我们满足机密性限制的方法是基于使用两种技术：加密和分裂。

- **加密** 与限制的描述一致，加密用于属性层，即在它整体上引入一个属性。加密一个属性意味着加密（一个元组接一个元组）它所有的值。为了保护加密值免受频繁攻击（frequency attack [88]），假设将一个随机选择的值 $salt$ 用于每一个加密（类似于在保护消息抵抗重放攻击时使用的随机数）。

• **分裂** 和加密一样，分裂也用于属性层，即在它整体上引入一个属性。分裂的意思是分离一个属性集，使得它们不在一起出现，也就是说，如果没有加密密钥，它们的值之间的联系是不可见的。

很明确地可以看出属性可见度限制只能通过加密得以解决。相反，解决一个关系可见度限制可以通过两种技术：① 加密限制中参与的任意属性（一个就足够了），来阻止联合可见度；② 分裂限制中参与的属性，使得它们不是一起可见的。给定关系模式 R 上的一个关系 r 和关系 r 上的一个机密性限制集 $\mathscr{C}$，我们的目标是分裂 R 来满足限制。但是，我们也必须确保，通过重组两个或更多的碎片没有违反限制。换句话说，不能有属性被用来进行连接。因为加密与随机数的使用是有区别的，唯一可以被用来连接的是明文属性。因此，要确保分裂切断联系，也就是要求属性最多只能在一个碎片中以明文表示。接下来，我们用分裂来表示一个给定属性集的任意子集。一个分裂是一个非重叠碎片集，由如下定义表示。

定义4.3（分裂） 令 R 为一个关系模式，R 的一个分裂是一个碎片集 $\mathscr{F} = \{F_1, \cdots, F_m\}$，其中 $F_i \subseteq R$，$i = 1, \cdots, m$，使得 $\forall F_i, F_j \in \mathscr{F}$，$i \neq j : F_i \cap F_j = \emptyset$（碎片不含有公共属性）。

接下来，我们用 F_i^j 表示分裂 $\mathscr{F}_j$ 的第 i 个碎片（当分裂在上下文中是清晰的，则上标将会删去）。例如，关于图4.1(a)中的明文关系，一个可能的分裂是 $\mathscr{F} = \{\{Name\}, \{Occupation\}, \{Sickness, ZIP\}\}$。

在物理层，一个分裂转变成一个分裂和加密的结合。每一个碎片 F 映射到一个包含 F 的所有以明文表示的属性的物理碎片，而 R 的其他所有属性都被加密。在每一个物理碎片中报告所有的原始属性（要么是加密的，要么是明文）的原因是确保通过查询一个单物理碎片，任何查询都能执行（见4.11节）。为了简便和有效，我们假设在一个碎片中，所有没有以明文出现的属性一起加密（加密被用于子元组）。物理碎片定义如下。

定义4.4（物理碎片） 令 R 为一个关系模式，$\mathscr{F} = \{F_1, \cdots, F_m\}$ 是 R 的一个分裂。对每一个 $F_i = \{a_{i_1}, \cdots, a_{i_n}\} \in \mathscr{F}$，$F_i$ 上 R 的物理碎片是一个关系模式 $\hat{F}_i = \{\underline{salt}, enc, a_{i_1}, \cdots, a_{i_n}\}$，其中 $salt$ 是原始密钥（primary key），enc 表示 R 中所有不属于该碎片的属性的加密，在加密之前先与 $salt$ 进行 XOR（符号 $\oplus$）运算。

从例子来看，给定一个碎片 $F_i = \{a_{i_1}, \cdots, a_{i_n}\}$ 和图 R 上的一个关系 r，F_i 的物

理碎片$\hat{F}_i$是使得每一个明文元组$t \in r$对应到一个元组$\hat{t} \in \hat{f}_i$，其中$\hat{f}_i$是$\hat{F}_i$上的一个关系，且：

- $\hat{t}[enc] = E_k(t[R - F_i] \oplus \hat{t}[salt])$
- $\hat{t}[a_{i_j}] = t[a_{i_j}]$, $j = 1, \cdots, n$

图4.2是关系模式4.1(a)的物理碎片的一个例子，没有违反图4.1(b)的良好定义的限制。

$\hat{f}_1$				$\hat{f}_2$				$\hat{f}_3$			
salt	enc	Name		salt	enc	Occupation		salt	enc	Sickness	ZIP
s_1	α	A. Smith		s_7	η	Nurse		s_{13}	ν	Latex al.	94140
s_2	β	B. Jones		s_8	θ	Nurse		s_{14}	ξ	Latex al.	94141
s_3	γ	C. Taylor		s_9	ι	Clerk		s_{15}	π	Latex al.	94140
s_4	δ	D. Brown		s_{10}	κ	Lawyer		s_{16}	ρ	Celiac	94139
s_5	ε	E. Cooper		s_{11}	λ	Manager		s_{17}	σ	Pollen al.	94138
s_6	ζ	F. White		s_{12}	μ	Designer		s_{18}	τ	Nickel al.	94141
(a)				(b)				(c)			

图4.2 图4.1(a)的关系的物理碎片

图4.3的算法给出了物理碎片的构造和分布。当属性长度超过了分组加密的长度时，我们假设受保护的属性的加密使用一个分组密码链（Cipher Block Chaining，CBC）模型[88]，将$salt$当成初始化向量（IV）；在CBC模型中，第一组明文实际上是在它与IV进行二元XOR之后才加密的。注意，我们通常用作物理碎片的原始密钥（确保在它们的生成过程中没有碰撞）的$salt$不需要保密，原因是，只要加密算法是安全的且密钥仍受保护，那么$salt$的知识对加密值的攻击并无帮助。

INPUT

A relation r over schema R

$\mathscr{C} = \{c_1, \cdots, c_m\}$ /*定义良好的约束*/

OUTPUT

A set of physical fragments $\{\hat{F}_1, \cdots, \hat{F}_i\}$

A set of relations $\{\hat{f}_1, \cdots, \hat{f}_i\}$ over schemas $\{\hat{F}_1, \cdots, \hat{F}_i\}$

MAIN

$\mathscr{C}_f := \{c \in \mathscr{C} : |c| > 1\}$ /*联系的可见度约束*/

$\mathscr{A}_f := \{a \in R : \{a\} \notin \mathscr{C}\}$

$\mathcal{F} := \mathbf{Fragment}(\mathcal{A}_f, \mathcal{C}_f)$
/*定义物理分片*/
for each $F = \{a_{i_1}, \cdots, a_{i_l}\} \in \mathcal{F}$ **do**
    define relation $\hat{F}$ with schema: $\hat{F}(\underline{salt}, enc, a_{i_1}, \cdots, a_{i_l})$
/*实现物理分片实例*/
    for each $t \in r$ **do**
        $\hat{t}[salt] := \mathbf{GenerateSalt}(F, t)$
        $\hat{t}[enc] := E_k(t[a_{j_1}, \cdots, a_{j_p}] \oplus \hat{t}[salt])$ /* $\{a_{j_1}, \cdots, a_{j_p}\} = R - F$ */
        for each $a \in F$ **do** $\hat{t}[a] := t[a]$
        insert $\hat{t}$ in $\hat{f}$

图4.3 正确分裂R的算法

4.4 极小分裂

首先讨论能保证进行高效查询的候选分裂所需要的性质。

4.4.1 正确性

给定一个模式R和R上的一个机密性约束集$\mathcal{C}$，如果没有一个碎片包含以明文形式出现且可见度由一个约束禁止的所有属性，那么一个分裂就满足所有的约束。下面给出这个概念的形式化定义。

定义4.5（分裂的正确性） R是一个关系模式，$\mathcal{F}$是R的一个分裂，$\mathcal{C}$是R上一个良好定义的约束集。$\mathcal{F}$正确地执行$\mathcal{C}$当且仅当$\forall F \in \mathcal{F}, \forall c \in \mathcal{C} : c \not\subseteq F$（每一个碎片满足约束）。

注意，这个定义，要求碎片不是任何约束的一个超集，意味着出现在单约束集的属性不能出现在任何一个碎片中（即它们总是被加密）。事实上，正如已经指出的，单约束集要求它的属性只能以加密形式出现。

在这一章，我们专门处理分裂问题，因此焦点只集中在关联可见度（即非单元素）约束集$\mathcal{C}_f \subseteq \mathcal{C}$和相应分裂的属性集$\mathcal{A}_f$，定义为$\mathcal{A}_f = \{a \in R : \{a\} \notin \mathcal{C}\}$。

4.4.2 最大化可见度

一个碎片中的明文属性有利于实现高效查询。因此，我们的目标是使任一碎片中不以明文表示的属性的数量达到最小，因为使用加密的属性的查询通常执行效率低。换句话说，我们更喜欢加密的分裂，如果可能的话，可以总是通过分裂来处理关联约束。

计算以明文表示的属性的最大数量，即计算没在任何一个单约束集中出现的属性，该属性必定以明文形式至少出现在一个碎片中。满足这个要求的最大化可见度的形式化定义如下。

定义4.6（最大化可见度） R是一个关系模式，$\mathscr{F}$是R的一个分裂，$\mathscr{C}$是R上一个良好定义的约束集。$\mathscr{F}$是最大化可见度当且仅当$\forall a \in \mathscr{A}_f : \exists F \in \mathscr{F}$使得$a \in F$。

注意，将分裂的定义（定义4.3）与最大化可见度结合起来，意味着每一个在单约束集中没有出现的属性一定以明文形式出现在一个碎片中（即定义4.6是至少，定义4.3是至多）。接下来，用$\mathfrak{F}$来表示所有可能的最大化可见度分裂的集合。因此，我们感兴趣的是在$\mathfrak{F}$上确定一个分裂，使得它满足系统中的所有约束。

4.4.3 最小化碎片

当分化一个关系来满足一个约束集时，需要考虑的另一个重要方面是避免过度分化。事实上，更多的属性在一个单属性中以明文出现就允许更高效地执行碎片查询。实际上，产生一个满足约束但最大化可见度的分裂的一个直接的方法是，定义与在单元约束中没有出现的属性的数量一样多的（单元）碎片。除非是约束的需要，否则这样的方法是不受欢迎的，因为它使得任何在多于一个属性上的条件查询的效率很低。

要找一个分裂使得查询有效的一个简单的策略包括找一个最小化分裂，即一个最大化可见度，但又最小化碎片数量的正确分裂。这个问题可以归纳如下。

问题4.1（最小化分裂） 给定一个关系模式R，R上一个良好定义的约束集$\mathscr{C}$，找一个R的分裂$\mathscr{F}$，使得它满足以下所有条件：
- $\mathscr{F}$正确地执行$\mathscr{C}$（定义4.5）；
- $\mathscr{F}$满足最大化可见度（定义4.6）；
- $\nexists\mathscr{F}'$满足以上两个条件，使得组成$\mathscr{F}'$的碎片数量比组成$\mathscr{F}$的碎片数量少。

最小化分裂问题是NP困难问题，下面的定理给出了形式化描述。

定理4.1 最小化分裂问题是NP困难的。

证明 该证明是最小超图着色的NP困难问题的一个归约[50]，最小超图着色问题定义如下：给定一个超图$\mathscr{H}(V,E)$，确定$\mathscr{H}$的一个最小着色，即给V的每一个顶点涂上一种颜色，使得相邻顶点有不同的颜色，并且使颜色的数量最小。

给定一个关系模式R和一个良好定义的约束集$\mathscr{C}$，最小分裂问题与超图着色问题的对应关系定义如下：超图$\mathscr{H}$的任意一个顶点v_i，对应一个属性$a_i \in \mathscr{A}_f$。$\mathscr{H}$中任意一条边e_i包括顶点$v_{i_1}, \cdots, v_{i_c}$，对应一个约束$c_i = \{a_{i_1}, \cdots, a_{i_c}\}$，$c_i \in \mathscr{C}_f$。$R$的一个分裂$\mathscr{F} = \{F_1(a_{1_1}, \cdots, a_{1_k}), \cdots, F_p(a_{p_1}, \cdots, a_{p_l})\}$满足$\mathscr{C}$中的所有约束，对应于相应的超图着色问题的一个解$S$。明确地说，$S$使用$p$种颜色，且顶点$\{v_{1_1}, \cdots, v_{1_k}\}$对应于$F_1$中的属性，着第1种颜色；顶点$\{v_{i_1}, \cdots, v_{i_j}\}$对应于$F_i$中的属性，着第$i$种颜色；顶点$\{v_{p_1}, \cdots, v_{p_l}\}$对应于$F_p$中的属性，着第$p$种颜色。因此，任何寻找最小分裂的算法可以用来解决超图着色问题。

超图着色问题已经得到了广泛的研究，取得了很有意思的理论成果。特别地，假设$NP \neq ZPP$，则对任意固定的$\varepsilon > 0$，k一致超图（k-uniform hypergraphs）的着色问题没有多项式时间的逼近算法，逼近率为$O(n^{1-\varepsilon})$ [60,65][2]。

4.4.4 分裂格

为了描述可能的分裂空间以及它们之间的关系，我们首先介绍分裂向量的概念，如下所示。

定义4.7（分裂向量） 令R是一个关系模式，$\mathscr{C}$是R上一个良好定义的约束集，且$\mathscr{F} = \{F_1, \cdots, F_m\}$是$R$的一个最大化可见度的分裂。对每一个$a \in \mathscr{A}_f$，$\mathscr{F}$的分裂向量$V_\mathscr{F}$是一个碎片的向量和元素$V_\mathscr{F}[a]$，其中$V_\mathscr{F}[a]$的值是唯一包含属性$a$的碎片$F_j \in \mathscr{F}$。

例4.2 令$\mathscr{F}$={{Name},{Occupation},{Sickness,ZIP}}为图4.1(a)的关系模式的一个分裂。分裂向量是这样的：

- $V_\mathscr{F}$[Name]={Name}；
- $V_\mathscr{F}$[Occupation]={Occupation}；
- $V_\mathscr{F}$[Sickness] = $V_\mathscr{F}$[ZIP] = {Sickness,ZIP}。

---

[2]在一个最小化框架中，一个近似比例为p的近似算法确保解的代价C有$C/C^* \leqslant p$，其中C^*是一个最优解的代价[50]。相反，我们不能对一个启发式的结果进行任何评价。

有了分裂向量，我们就可以定义分裂之间的偏序。

定义4.8（支配） 令R是一个关系模式，$\mathscr{C}$是R上一个良好定义的约束集，且$\mathscr{F}$，$\mathscr{F}'$是R的两个最大化可见度的分裂。称$\mathscr{F}'$支配$\mathscr{F}$，表示为$\mathscr{F} \preceq \mathscr{F}'$，当且仅当对任意$a \in \mathscr{A}_f$，$V_{\mathscr{F}}[a] \subseteq V_{\mathscr{F}'}[a]$。称$\mathscr{F} \prec \mathscr{F}'$，当且仅当$\mathscr{F} \preceq \mathscr{F}'$且$\mathscr{F} \neq \mathscr{F}'$。

定义4.8说明分裂$\mathscr{F}'$支配分裂$\mathscr{F}$，如果通过合并构成$\mathscr{F}$的两个（或更多）碎片，能够从$\mathscr{F}$计算$\mathscr{F}'$。

例4.3 令$\mathscr{F}_1 = \{\{\text{Name},\text{ZIP}\},\{\text{Occupation},\text{Sickness}\}\}$和$\mathscr{F}_2 = \{\{\text{Name}\},\{\text{Occupation},\text{Sickness}\},\{\text{ZIP}\}\}$为图4.1(a)的关系模式的两个分裂。通过合并$\mathscr{F}_2$的碎片$\{\text{Name}\}$和$\{\text{ZIP}\}$可得到$\mathscr{F}_1$，因而有$\mathscr{F}_2 \prec \mathscr{F}_1$。

由所有可能的最大化可见度的分裂构成的集合$\mathfrak{F}$，和刚刚介绍的支配关系，就组成了一个格（lattice），正式描述如下。

定义4.9（分裂格） 令R是一个关系模式，$\mathscr{C}$是R上一个良好定义的约束集。分裂格是一个对$(\mathfrak{F}, \preceq)$，其中$\mathfrak{F}$是所有最大化可见度R的分裂构成的集合，且$\preceq$是如定义4.8所说的这些分裂之间的支配关系。

格的顶元素（top element）$\mathscr{F}_\top$表示一个分裂，该分裂满足$\mathscr{A}_f$的每一个属性都出现在不同的碎片中。格的底元素（bottom element）$\mathscr{F}_\bot$表示一个只由一个碎片组成的分裂，而且这一个碎片包含了$\mathscr{A}_f$中的每一个属性。例如，图4.4给出了图4.1的分裂格，其中$\mathscr{A}_f = \{\text{Name},\text{Occupation},\text{Sickness},\text{ZIP}\}$。这里，属性都用它们的首字母表示，且碎片由竖线分隔开。而且，正确地执行（定义4.5）图4.1(b)中的约束的分裂都用实线方框表示。而至少违背一个约束的那些分裂都用虚线方框表示。

分裂格的一个有趣的性质是：给定一个不正确的分裂$\mathscr{F}_i$，任何满足$\mathscr{F}_j \preceq \mathscr{F}_i$的分裂$\mathscr{F}_j$都是不正确的。

定理4.2 给定一个分裂格$(\mathfrak{F}, \preceq)$，$\forall \mathscr{F}_i, \mathscr{F}_j \in \mathfrak{F}$，$\mathscr{F}_j \preceq \mathscr{F}_i$，$\mathscr{F}_i$是不正确的$\Longrightarrow$ $\mathscr{F}_j$是不正确的。

证明 如果$\mathscr{F}_i$是不正确的，则$\exists c \in \mathscr{C}_f$和$\exists F^i \in \mathscr{F}_i$，使得$c \subseteq F^i$。由于$\mathscr{F}_j \preceq \mathscr{F}_i$，由定义4.8，$\exists F^j \in \mathscr{F}_j$使得$F^i \subseteq F^j$。因此$c \subseteq F^i \subseteq F^j$，$\mathscr{F}_j$是不正确的。

由其构建可以看出，格中的每一条路径都具有局部最小分裂（locally minimal fragmentation）的特征，局部最小分裂使得它的路径中的所有后代对应于不正确的分裂。直观地，这样的局部最小分裂可以通过由上至下的观察或者是由下至上的观察来确定。格的第i层（即由$(n-i)+1$个碎片组成的分裂）的分裂的

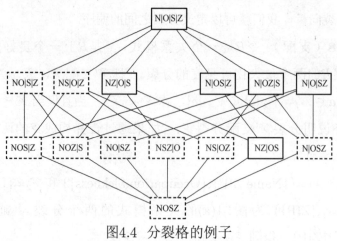

图4.4 分裂格的例子

数量为第二类斯特灵数（number of Stirling of the second kind）$\{{n \atop n-i}\}$ [53]。因此，有 $|\mathfrak{F}| = \sum_{i=0}^{n} \{{n \atop n-i}\} = B_n$，为贝尔数[53]。格的第二层包含有二次方个解（$O(n^2)$），并有指数级的分裂（$O(2^n)$）存在于第一层到最后一层。利用碎片的数量由上而下增长的事实，由上而下的策略似乎更方便。在接下来的一节，我们将提出一个确定性算法执行格的一个由上而下的树遍历（即每一个分裂至多只被访问一次）并只生成所有可能的分裂的一个子集。

4.5 一个完备的最小分裂搜索方法

虽然 $\mathfrak{F}$ 中可能的分裂的数量是 $|\mathscr{A}_f|$ 的指数级，但是被分裂的属性集通常被限制了大小，因此一个计算不同的最大化可见度的分裂的完备的搜索是可以接受的。为了确保对每一个正确的最大化可见度的分裂的计算恰好只执行一次，我们定义了分裂树（fragmentation tree）的概念，如下所示。

定义4.10（分裂树） 令 $(\mathfrak{F}, \preceq)$ 为一个分裂格。格的一个分裂树是以 $\mathscr{F}_T$ 为根的 $(\mathfrak{F}, \preceq)$ 的生成树。

我们提出一个在给定的一个分裂格上建立分裂树的方法。为了达到这个目的，假设属性集 $\mathscr{A}_f$ 根据一个关系从小到大排序，这个关系记为 $<_A$，最小的记为 $F.first$，最大的记为 $F.last$，并假设在每一个碎片 F 中，属性是保序的。考虑到属性是由它们最小的（$.first$）属性支配的次序来排序的，因而我们将属性间的顺序关系转换成一个分裂中碎片之间的顺序关系。在一个分裂中，由于每一个属性只能恰好出现在一个碎片中，因此在每一个分裂中的

碎片都排序。则每一个分裂$\mathscr{F}$都是一个碎片的序列,记为$\mathscr{F} = [F_1, \cdots, F_n]$,其中$\forall i, j = 1, \cdots, n : i < j, F_i.first <_A F_j.first$。在这种情况下,我们称在分裂$\mathscr{F}$中,碎片$F_i$先于(precede)碎片$F_j$。给定两个碎片$F_i$和$F_j$,$i < j$,称$F_i$完全先于(fully precede)$F_j$,当且仅当$F_i$的所有属性比$F_j$中的所有属性小,即$F_i.last <_A F_j.first$。注意,完全先于只是一个偏序。

为了确保树遍历,并因此避免对一个分裂计算两次,我们采用碎片间先于的关系并给每一个分裂$\mathscr{F} = [F_1, \cdots, F_n]$一个标识$F_i$,该标识不是一个单元碎片,使得$\forall j > i, F_j$是一个单元碎片。对于根,标识是它的第一个碎片。直观地,一个分裂的标识表示一个始点,让碎片去结合得到子分裂(children of the fragmentation)(因为与任意先于它的碎片的组合将产生重复的分裂)。我们为格定义一个基于次序的覆盖(order-based cover),如下所示。

定义4.11(基于次序的覆盖) 令$(\mathfrak{F}, \preceq)$为一个分裂格。格的一个基于次序的覆盖是一个定向图,记为$\mathscr{T}(V, E)$,其中$V = \mathfrak{F}$,且$\forall \mathscr{F}_p, \mathscr{F}_c \in V, (\mathscr{F}_p, \mathscr{F}_c) \in E$,当且仅当给定$\mathscr{F}_p$的标识$F_m^p$,存在$i, j, m \leqslant i$且$F_i^p$完全先于$F_j^p$,使得:

- $\forall l < j, l \neq i, F_l^c = F_l^p$;
- $F_i^c = F_i^p F_j^p$;
- $\forall l \geqslant j, F_l^c = F_{l+1}^p$。

例如,考虑图4.5的基于次序的覆盖,其中$<_A$是字典序。它是建立于图4.4的分裂格,有下画线的碎片是标识。给定分裂$\mathscr{F}_p$=[N|O|S|Z]和$\mathscr{F}_c$=[N|OS|Z],边$(\mathscr{F}_p, \mathscr{F}_c)$属于$\mathscr{T}$,因为对$i = 2$和$j = 3$,有$F_1^c = F_1^p = $ N;$F_2^c = F_2^p F_3^p = $ OS;且$F_3^c = F_{3+1}^p = $ Z。这样定义的基于次序的覆盖对应于格的一个分裂树,下面的定理说明了这一点。

定理4.3 一个格$(\mathfrak{F}, \preceq)$的基于次序的覆盖$\mathscr{T}$是$(\mathfrak{F}, \preceq)$的一个分裂树,根为$\mathscr{F}_T$。

证明 $\mathscr{T}$是$(\mathfrak{F}, \preceq)$的一个分裂树,如果:① 第i层的每一个顶点(根$\mathscr{F}_T$除外)在第$i-1$层恰好有一个父节点,且② $\mathscr{T}$的每一条边都是$(\mathfrak{F}, \preceq)$中的一条边。

1. 每一个顶点至多有一个父节点。反证,假设一个顶点$\mathscr{F} = [F_1, \cdots, F_{n-1}]$是$\mathscr{T}$中两个不同的顶点的子节点,设为$\mathscr{F}_1 = [F_1^1, \cdots, F_n^1]$和$\mathscr{F}_2 = [F_1^2, \cdots, F_n^2]$。因此,在$\mathscr{F}$中存在一个碎片$F_{i_1}$使得它是由$F_{i_1}^1 F_{j_1}^1$得到的。类似地,在$\mathscr{F}$中存在一个碎片$F_{i_2}$使得它是由$F_{i_2}^2 F_{j_2}^2$得到的。不失一般性,假设$i_1 < i_2$。由定义4.11,对$\mathscr{F}$中的每一个$F_k$,$k \neq i_1$,在$\mathscr{F}_1$中存在一个碎片$F_{k_1}^1$,使得$F_{k_1}^1 = F_k$,且$k_1 \geqslant k$(要么$k_1 = k$,要么$k_1 = k+1$)。因此,存在一个非单元碎片$F_l^1 = F_{i_2}$且$l \geqslant i_2$。所

以，有 $l > i_1$，因此，由定义，$\mathscr{F}_1$ 的标识必须大于或等于 i_1。矛盾。

2. 每一个顶点至少有一个父节点。令 $\mathscr{F}$ 为 $\mathscr{T}$ 的第 $i(i \neq 1)$ 层的一个顶点（$\mathscr{F} \neq \mathscr{F}_\top$），$F_m$ 是它的标识，且 $F_m.last$ 是 F_m 中最大的（highest）属性。考虑这样的分裂 $\mathscr{F}_p$，它包含 $\mathscr{F}$ 中除了 F_m 之外的所有碎片，还有将 F_m 撕裂后得到的两个碎片 $F_m - \{F_m.last\}$ 和 $\{F_m.last\}$。$\mathscr{F}_p$ 的标识在 m 之前，因为在 $\mathscr{F}$ 中跟随 F_m 的所有碎片在 $\mathscr{F}_p$ 中也是单元的。而且，增加的碎片 $\{F_m.last\}$ 也是单元的，由关系 $<_A$，可知它跟随 F_m^p（因为它是最大的属性）。所以，由定义4.11，在 $\mathscr{T}$ 中存在一条边 $(\mathscr{F}_p, \mathscr{F})$，则 $\mathscr{F}_p$ 是 $\mathscr{F}$ 的父节点且 $\mathscr{F}_p$ 恰好比 $\mathscr{F}$ 多一个碎片（即 $\mathscr{F}_p$ 是在 $i-1$ 层）。

3. $\mathscr{T}$ 中的每一条边都是 $(\mathfrak{F}, \preceq)$ 中的一条边。令 $(\mathscr{F}_p, \mathscr{F}_c)$ 为 $\mathscr{T}$ 中的一条边。由定义4.11得 $\mathscr{F}_p \preceq \mathscr{F}_c$，则 $(\mathscr{F}_p, \mathscr{F}_c)$ 是 $(\mathfrak{F}, \preceq)$ 的一条边。

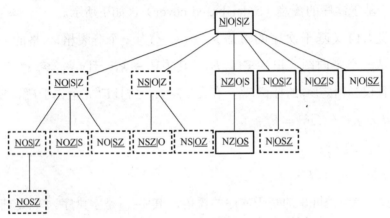

图4.5 图4.4中的分裂格的一个分裂树

4.5.1 计算最小分裂

我们的完备搜索函数，即图4.6中的 **Fragment** 函数，在一个按照基于次序的覆盖构造的分裂树 $\mathscr{T}$ 上进行深度优先搜索。除了利用树的结构之外，我们的方案还利用了定理4.2的优点，通过修剪分裂树来避免访问只由违反约束的分裂构成的子树（即一个非正确父节点的子节点）。

该函数的输入为要被分裂的属性集 $\mathscr{A}_f$ 和良好定义的非单元约束集 $\mathscr{C}_f$。函数用变量 $marker[\mathscr{F}]$ 表示分裂 $\mathscr{F}$ 的标识的位置；变量 Min 表示当前的最小分裂；变量 $MinNumFrag$ 表示组成 Min 的碎片的数量。首先，函数将变量 Min 的值初始化为 $\mathscr{F}_\top$，将变量 $MinNumFrag$ 初始化为 $\mathscr{F}_\top$ 中碎片的数量。然后，调用函数 **SearchMin** 作用在 $\mathscr{F}_\top$ 上，由定义4.11迭代地构造 $\mathscr{F}_\top$ 的子节点。然后函

数 **SearchMin**($\mathscr{F}_p$)被递归地调用，作用于$\mathscr{F}_p$的子节点$\mathscr{F}_c$，只有当$\mathscr{F}_c$满足所有的约束（即如果函数 **SatCon** 返回 $ture$）时。当函数往下计算格时，碎片的数量也在减少，该函数就是利用这样的事实，并将 Min 与一个分裂比较，只有当该分裂没有正确的子节点的时候（即它是一个候选最小分裂）。

有趣的是，将函数 **Evaluate** 的定义替换成任何其他的代价函数（cost function）关于支配关系是单调的，那么，给定函数 **Fragment** 可以确定$\mathfrak{F}$中的最小消耗/最大获益分裂。

由图4.6的函数 **Fragment** 生成的关于基于次序的覆盖的分裂树不是平衡的（见定义4.11）。实际上，该分裂树的构造是从$\mathscr{F}_\top$开始的，以特殊的次序嵌入顶点，并在树的每一层，从左到右地嵌入顶点。这意味着在树的第i层的每一个顶点，作为父节点，在第$i-1$层有最左边的顶点满足定义4.11。因此，从图4.5可以看出，当在树中从左到右地移动时由分裂格的$\mathscr{F}_\top$到叶子的路径长度在减小。

FRAGMENT($\mathscr{A}_f, \mathscr{C}_f$)

for each $a_i \in \mathscr{A}_f$ **do** $F_i^\top := \{a_i\}$ /*搜索树$\mathscr{F}_\top$的根*/

$marker[\mathscr{F}_\top] := 1$

$Min := \mathscr{F}_\top$ /*当前最小分片*/

$MinNumFrag :=$ **Evaluate**(Min)

SearchMin($\mathscr{F}_\top$) /*递归调用以创建搜索树*/

return(Min)

SEARCHMIN($\mathscr{F}_p$)

$localmin := true$ /*最小化分片*/

for $i := marker[\mathscr{F}_p] \ldots (|\mathscr{F}_p| - 1)$ **do**

  for $j := (i+1) \ldots |\mathscr{F}_p|$ **do**

    if $F_{i^p}.last <_A F_{j^p}.first$ **then** /*F_{i^p}全部先于F_{j^p}*/

      for $l := 1 \ldots |\mathscr{F}_p|$ **do**

        case:

          $(l < j \wedge l \neq i) : F_l^c := F_l^p$

          $(l > j) : \quad\quad F_{l-1}^c := F_l^p$

          $(l = i) : \quad\quad F_l^c := F_i^p F_j^p$

      $marker[\mathscr{F}_c] := i$

  if SatCon(F_i^c) **then**
   localmin := *false*
   SearchMin($\mathscr{F}_c$) /∗ recursive call on correct fragmentation ∗/
 if *localmin* **then**
  nf :=**Evaluate**($\mathscr{F}_p$)
  if *nf* < *MinNumFrag* **then**
   MinNumFrag := *nf*
   Min := $\mathscr{F}_p$
SATCON(F)
for each $c \in \mathscr{C}_f$ **do**
 if $c \subseteq F$ **then return**(*false*)
return(*true*)

图4.6 运行完备搜索的函数

  例4.4 图4.7说明了将函数**SearchMin**应用于例4.1时的每一步执行。图4.7(a)中的表格的各列表示：以参数$\mathscr{F}_p$调用**SearchMin**；碎片F_i^p和F_j^p合并；得到分裂$\mathscr{F}_c$；F_i^c的**SatCon**值；可能的递归调用**SearchMin**($\mathscr{F}_c$)；函数**Evaluate**($\mathscr{F}_p$)的值（即$\mathscr{F}_p$中的碎片的数量）；*Min*的更新。图4.7(b)给出了通过递归调用函数**SearchMin**而构造的树，和在右边对应的分裂中需要与*Min*比较的碎片数。开始，变量*Min*初始化为[N|O|S|Z]，相应的*MinNumFrag*设为4。函数**Fragment**则调用函数**SearchMin**作用于[N|O|S|Z]。在**SearchMin**([N|O|S|Z])的两个**for**循环的第一次循环中，碎片$F_1^p = N$和$F_2^p = O$被合并，因此生成了分裂[NO|S|Z]，违反了约束c_1。第二个生成的分裂是[NS|O|Z]，违反了约束c_3。第三个生成的分裂是[NZ|O|S]，它是正确的，且**SearchMin**([NZ|O|S])被递归地调用，接着又转向调用**SearchMin**([NZ|OS])。由于[NZ|OS]中的两个碎片不能合并（$Z \not\prec_A O$），因此**SearchMin**不再被调用。所以，函数**Fragment**将组成[NZ|OS]的碎片数与*MinNumFrag*比较，其中[NZ|OS]的碎片数为2，因而更新*Min*。递归调用其他的分裂的运行与此类似。由函数**Fragment**计算出来的最后的最小分裂为[NZ|OS]，只含2个碎片。

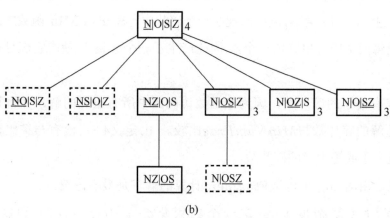

SearchMin($\mathcal{F}_p$)	F_i^p	F_j^p	$\mathcal{F}_c$	SatCon(F_c^c)	SearchMin($\mathcal{F}_c$)	Evaluate($\mathcal{F}_p$)	Min
N|O|S|Z	N	O	NO|S|Z	false	-		
		S	NS|O|Z	false	-		
		Z	NZ|O|S	true	NZ|O|S		
	O	S	N|OS|Z	true	N|OS|Z		
		Z	N|OZ|S	true	N|OZ|S		
	S	Z	N|O|SZ	true	N|O|SZ		
NZ|O|S	NZ	O	-	-	-		
		S	-	-	-		
	O	S	NZ|OS	true	NZ|OS		
NZ|OS	-	-	-	-	-	2	NZ|OS
N|OS|Z	OS	Z	N|OSZ	false	-	3	
N|OZ|S	OZ	S	-	-	-	3	
N|O|SZ	-	-	-	-	-	3	

(a)

(b)

图4.7 图4.6中的函数**Fragment**执行的例子

4.5.2 正确性和复杂度

在证明图4.6的函数**Fragment**的复杂度之前，先引入一个引理，证明函数**Fragment**计算所有正确的分裂，但它从不生成相同的解。

引理4.1 图4.6中的函数**Fragment**恰好访问$\mathcal{T}$中所有正确的分裂一次。

证明 函数从$\mathcal{T}$的根开始，以深度优先的策略递归访问。每一次调用Search-Min($\mathcal{F}_p$)时，由定义4.11，通过开始的两个for循环和接下来的if结构，生成$\mathcal{F}_p$的所有子节点。由于SearchMin只在正确的解上递归调用，因此不会访问以非正确的子节点为根的子树。但是，由定理4.2，没有正确的解属于这些子树。

定理4.4（正确性） 图4.6中的函数**Fragment**终止并找到一个最小分裂（问题4.1）。

证明 图4.6中的函数**Fragment**总会终止，因为在每一次递归调用中，它在父节点中合并两个碎片来得到它的子节点，因此，最大的可达深度为$|\mathscr{A}_f|$。

下面证明，由这个函数作用在$\mathscr{A}_f$和$\mathscr{C}_f$上得到的一个解$\mathscr{F}$是最小分裂。由问题4.1，一个分裂$\mathscr{F}$是最小的条件是当且仅当：①它是正确的；②它最大化可见度；③$\not\exists \mathscr{F}'$，它比$\mathscr{F}$有更少的碎片且满足以上两个条件。由图4.6中的函数**Fragment**计算出来的一个分裂$\mathscr{F}$满足这三个条件。

1. 计算出来的分裂$\mathscr{F}$是正确的，因为函数**SearchMin**只在正确的分裂$\mathscr{F}_p$上调用（即当SatCon值为$true$时）。因此，只有正确的解才赋给返回解$\mathscr{F}$（即Min）。

2. $\mathscr{F}$是R的一个最大化可见度的分裂，因为由该函数生成的任何解都是通过合并$\mathscr{F}_\top$中的碎片得到的。$\mathscr{F}_\top$是最大化可见度的一个分裂，因为它包含了$\mathscr{A}_f$中所有的属性，且每一个$a \in \mathscr{A}_f$刚好出现在一个碎片中。**SearchMin**函数中的合并运算是简单地将两个碎片串联成一个，因此产生了一个分裂$\mathscr{F}$使得它满足最大化可见度的条件。

3. $\mathscr{F}$有最小的碎片数，因为该函数访问$\mathscr{T}$中所有正确的解，并将只含非正确子节点的解的碎片数与$MinNumFrag$比较。由定义4.8，没有与$\mathscr{F}$比较的正确解的碎片数大于或等于$\mathscr{F}$的碎片数。

所以，由图4.6中的函数**Fragment**计算的解$\mathscr{F}$是最小分裂。

定理4.5（复杂度） 给定一个约束集$\mathscr{C} = \{c_1, \cdots, c_m\}$和属性集$\mathscr{A} = \{a_1, \cdots, a_n\}$，图4.6中的函数**Fragment**$(\mathscr{A}, \mathscr{C})$的时间复杂度是$O(B_n \cdot m)$。

证明 证明可由引理4.1直接得到。以最坏的情况，$\mathfrak{F}$中有$O(B_n)$个分裂，每一个分裂由图4.6中的函数**Fragment**恰好生成一次。而且对每一个解，函数**SatCon**被调用一次，并检验是否所有的约束都满足，其中约束的数量是m。因此，总的时间复杂度是$O(B_n \cdot m)$。

4.6 最小化分裂的一个启发式方法

本节，当图的属性数量不允许对解空间进行穷举搜索时，我们对问题4.1提出了一个启发式算法。该启发基于向量的最小性$vector\ minimality$的定义，可以用来有效地查找一个正确的最小化可见度的分裂。

一个向量最小分裂（vector-minimal fragmentation）形式化定义为一个分裂$\mathscr{F}$，它是正确的，最大化可见度，并且所有通过合并$\mathscr{F}$中任意两个碎片得到的分裂至少违反一个约束。

定义4.12（向量最小分裂） 令R为一个关系模式，$\mathcal{C}$是一个良好定义的约束集，且$\mathcal{F}$是R的一个分裂。$\mathcal{F}$是一个向量最小分裂当且仅当以下所有条件都满足：

1. $\mathcal{F}$正确地执行$\mathcal{C}$（定义4.5）；
2. $\mathcal{F}$最大化可见度（定义4.6）；
3. $\nexists \mathcal{F}'$满足以上两个条件，使得$\mathcal{F} \prec \mathcal{F}'$。

从最小性的定义容易看出，一个最小分裂也是向量最小的，反之不成立。

例4.5 考虑例4.3的分裂$\mathcal{F}_1$和$\mathcal{F}_2$，以及图4.1(b)的约束集。由于$\mathcal{F}_2 \prec \mathcal{F}_1$，故$\mathcal{F}_2$不是向量最小的。但是，$\mathcal{F}_1$是向量最小的。事实上，$\mathcal{F}_1$包含了图4.1(a)的关系模式Patient的所有属性，除了属性SSN（最大化可见度）；满足图4.1(b)的所有约束（正确性）；且从$\mathcal{F}_1$中合并任意两个碎片得到的分裂，都不满足约束。

4.6.1 计算向量最小分裂

向量最小分裂的定义允许我们对问题4.1设计一个启发式的多项式时间运行的方法，且计算出一个分裂，即使它不一定是一个最小分裂，但是它是接近最优的解，如实验结果得到的（见4.13节）。

我们的启发式方法始于一个空的分裂，在每一步，选择一个在未解决的约束中出现次数最多的属性。这个选择标准背后的根据是以最少的步骤满足所有约束。然后将选中的属性嵌入到一个碎片中，该碎片是以这样一种方式确定的，即没有违反涉及属性的约束。如果这样的碎片不存在，那么，对这个被选中的属性创建一个新的碎片。当将所有属性嵌入到一个碎片中时，该程序终止。图4.8给出了执行这个启发式方法的函数**Fragment**。该函数的输入为：待分裂的属性集$\mathcal{A}_f$和良好定义的非单元约束集$\mathcal{C}_f$，分别被用于初始化变量$A\_ToPlace$和$C\_ToSolve$。它是如下（见图4.8）计算$\mathcal{A}_f$的一个向量最小分裂Min的。

FRAGMENT$(\mathcal{A}_f, \mathcal{C}_f)$

$A\_ToPlace := \mathcal{A}_f$

$C\_ToSolve := \mathcal{C}_f$

$Min := \emptyset$

for each $a \in A\_ToPlace$ **do** /*初始化矩阵$Con[\ ]$和$N\_con[\ ]$ */

$Con[a] := \{c \in C\_ToSolve : a \in c\}$

$N\_con[a] := |Con[a]|$

repeat

  if $C\_ToSolve \neq \emptyset$ **then**

    let *attr* be an attribute with the maximum value of $N\_con[\ ]$

    for each $c \in (Con[attr] \cap C\_ToSolve)$ **do**

      $C\_ToSolve := C\_ToSolve - \{c\}$ /*调整约束*/

      for each $a \in c$ **do** $N\_con[a] := N\_con[a] - 1$ /*调整矩阵$N\_con[\ ]$*/

  else /*由于所有的约束都满足，选择$A\_ToPlace$中的任一属性*/

    let *attr* be an attribute in $A\_ToPlace$

  $A\_ToPlace := A\_ToPlace - \{attr\}$

  $inserted := false$ /*尽量将attr插入到已有分片*/

  for each $F \in Min$ **do** /*如果$F \cup \{attr\}$满足约束进行评价*/

    $satisfies := ture$

    for each $c \in Con[attr]$ **do**

      if $c \subseteq (F \cup \{attr\})$ **then**

        $satisfies := false$ /*选择下一个分片*/

        break

    if $satisfies$ **then**

      $F := F \cup \{attr\}$ /*attr已经被插入F*/

      $inserted := ture$

      break

  if NOT $inserted$ **then** /*将attr插入一个新的分片中*/

    add $\{attr\}$ to Min

until $A\_ToPlace = \emptyset$

return(Min)

图4.8 寻找一个向量最小分裂的函数

首先，函数初始化Min为空集，创建两个数组$Con[\ ]$和$N\_con[\ ]$。对$A\_ToPlace$中的每一个属性a，元素$Con[a]$包含a上的约束集，元素$N\_con[a]$表示出现a的没处理的约束的数量（注意，在最开始$N\_con[a]$与$Con[a]$的势一致）。 然后，函数执行一个**repeat until**循环， 在每一次循环中，将属性$attr$替换成如下的一个碎片。 如果仍有约束要被处理（$C\_ToSolve \neq \emptyset$）， $attr$就被选为在未处理的约束中出现最多的一个属性。 然后，对$Con[attr] \cap C\_ToSolve$中的每一个约束c， 将c移出$C\_ToSolve$， 并且对c中的每一个属性a， 将$N\_con[a]$减少1。 否则，即如果所有的约束都处理了（$C\_ToSolve = \emptyset$），则函数随机地提取$A\_ToPlace$中的一个属性作为$attr$，并将它从$A\_ToPlace$中移除。 然后，函数在Min中寻找一个碎片F，其中$attr$可以被嵌入Min中而且不违反任何的约束，包括$attr$。 如果这样一个碎片F被找到，则$attr$被嵌入F，否则一个新的碎片$\{attr\}$被加入到Min中。 一旦一个碎片被找到（$inserted = true$），那么搜索一个碎片的程序就终止。 而且，一旦找到一个约束的违反（$satisfies = false$），则约束满足性控制将终止。

例4.6 图4.9给出了图4.8的函数**Fragment**应用于图4.1的例子的每一步的执行。 图4.9的左边给出了变量$attr$，Min，$C\_ToSolve$和$A\_ToPlace$的计算值， 右边用矩阵生动地说明了相同的信息，其中矩阵的行表示每一个属性，列表示每一个约束。 如果一个属性属于一个未处理的约束c_i，则相应的分量就设为×； 否则，如果c_i解决了，则分量设为✓。 起初，Min是空的，所有的约束都未处理，所有的属性都需要被替换。 在第一次循环中，函数**Fragment**选择属性Name，因为它是其中一个最多次出现在未处理的约束中的属性。 现在，$Con[Name]$中的属性变成处理过的了，$N\_con[a_i]$也相应地更新（对关系中的所有属性），且碎片$\{Name\}$被加入到Min中。 函数**Fragment**以类似的方式选择属性Occupation，Sickness和ZIP。 最终的解为$Min=\{\{Name,ZIP\},\{Occupation, Sickness\}\}$，与图4.6的穷举搜索函数计算出来的结果一致。

4.6.2 正确性与复杂度

图4.8的函数**Fragment**的正确性与复杂度由以下定理给出。

定理4.6（正确性） 图4.8的函数**Fragment**终止并找到一个向量最小分裂（定义4.12）。

证明 图4.8的函数**Fragment**会终止，因为每一个属性都只被考虑一次， 而且**repeat until**循环运行直到所有的属性都从$A\_ToPlace$提取完（$A\_ToPlace$初始化为$\mathscr{A}_f$）。

我们现在证明由这个函数在$\mathscr{A}_f$和$\mathscr{C}_f$上计算的解$\mathscr{F}$是一个向量最小分裂。 由定

$Min = \emptyset$
$C\_ToSolve = \{c_1, c_2, c_3\}$
$A\_ToPlace = \{Name, Occupation, Sickness, ZIP\}$

	c_1	c_2	c_3	$N\_con[a_i]$
Name	×	×		2
Occupation	×		×	2
Sickness		×	×	2
ZIP			×	1
ToSolve	yes	yes	yes	

$attr = $ Name
$Con[Name] = \{c_1, c_2\}$

$Min = \{Name\} \emptyset$
$C\_ToSolve = \{c_3\}$
$A\_ToPlace = \{Occupation, Sickness, ZIP\}$

	c_1	c_2	c_3	$N\_con[a_i]$
Name	√	√		0
Occupation	√		×	1
Sickness		√	×	1
ZIP			×	1
ToSolve	yes	yes	yes	

$attr = $ Occupation
$Con[Occupation] = \{c_1, c_3\}$

$Min = \{\{Name\}, \{Occupation\}\}$
$C\_ToSolve = \emptyset$
$A\_ToPlace = \{Sickness, ZIP\}$

	c_1	c_2	c_3	$N\_con[a_i]$
Name	√	√		0
Occupation	√		√	0
Sickness		√	√	0
ZIP			√	0
ToSolve	√	√	√	

$attr = $ Z
$Con[Sickness] = \{c_2, c_3\}$

$Min = \{\{Name\}, \{Occupation, Sickness\}\}$
$C\_ToSolve = \emptyset$
$A\_ToPlace = \{ZIP\}$

	c_1	c_2	c_3	$N\_con[a_i]$
Name	√	√		2
Occupation	√		√	2
Sickness		√	√	2
ZIP			√	1
ToSolve	√	√	√	

$attr = $ Z
$Con[Z] = \{c_3\}$

$Min = \{\{Name, ZIP\}, \{Occupation, Sickness\}\}$
$C\_ToSolve = \emptyset$
$A\_ToPlace = \emptyset$

	c_1	c_2	c_3	$N\_con[a_i]$
Name	√	√		0
Occupation	√		√	0
Sickness		√	√	0
ZIP			√	0
ToSolve	√	√	√	

图4.9 在图4.8中的函数**Fragment**执行的例子

义4.12，一个分裂$\mathscr{F}$是向量最小的，当且仅当：①它是正确的；②它最大化可见度；③$\nexists \mathscr{F}' : \mathscr{F} \prec \mathscr{F}'$满足以上两个条件。由图4.8的函数**Fragment**计算的一个分裂$\mathscr{F}$满足这三个性质。

1. 函数**Fragment**将$attr$嵌入到碎片F当且仅当$F \cup \{attr\}$满足$Con[attr]$中的约束。由归纳法，我们证明如果$F \cup \{attr\}$满足$Con[attr]$中的约束，则它满足$\mathscr{C}$中所有的约束。如果$\{attr\}$是第一个嵌入到F的属性，则$F \cup \{attr\} = \{attr\}$。由于$attr \in \mathscr{A}_f$，则集合$\{attr\}$满足$\mathscr{C}$中所有的约束。若不然，如果假设$F$已经包含至少一个属性，且它满足$\mathscr{C}$中所有的约束，则通过增加$attr$到$F$，可能被违反的约束只能是$Con[attr]$中的约束。因此，如果$F \cup \{attr\}$满足所有这些约束，则它也满

足 $\mathscr{C}$ 中所有的约束。因此，我们可以归纳，$\mathscr{F}$ 是正确的分裂。

2. 由于 $\mathscr{A}_f$ 中的每一个属性恰好被嵌入一个碎片，因此函数 **Fragment** 产生的分裂 $\mathscr{F}$ 满足最大化可见度的条件。

3. 反证，令 $\mathscr{F}'$ 为满足 $\mathscr{C}_f$ 中所有的约束和最大化可见度的分裂，而且 $\mathscr{F} \prec \mathscr{F}'$。令 $V_\mathscr{F}$ 和 $V_{\mathscr{F}'}$ 分别为 $\mathscr{F}$ 和 $\mathscr{F}'$ 的相应的碎片向量。首先，证明 $\mathscr{F}'$ 包含一个碎片 $V_{\mathscr{F}'}[a_i]$，它是 $\mathscr{F}$ 的两个不同碎片 $V_\mathscr{F}[a_i]$ 和 $V_\mathscr{F}[a_j]$ 的合并。其次，证明函数 **Fragment** 不能生成两个不同的碎片，使得它们的合并不违反任何约束。这两个结果矛盾，因为由 $V_\mathscr{F}[a_i] \cup V_\mathscr{F}[a_j]$ 组成的 $V_{\mathscr{F}'}[a_i]$ 是 $\mathscr{F}'$ 的一个碎片，因此它不违反约束。

a. 由于 $\mathscr{F} \prec \mathscr{F}'$，存在一个碎片使得 $V_\mathscr{F}[a_i] \subset V_{\mathscr{F}'}[a_i]$，则存在一个属性 a_j ($j \neq i$) 使得 $a_j \in V_{\mathscr{F}'}[a_i]$ 且 $a_j \notin V_\mathscr{F}[a_i]$。注意，$a_j \neq a_i$，因为由定义，$a_i \in V_\mathscr{F}[a_i]$ 且 $a_i \in V_{\mathscr{F}'}[a_i]$。$V_\mathscr{F}[a_j]$ 和 $V_{\mathscr{F}'}[a_j]$ 是包含 a_j 的碎片。下面我们说明，不仅 $a_j \in V_{\mathscr{F}'}[a_i]$，而且整个碎片 $V_\mathscr{F}[a_j] \subset V_{\mathscr{F}'}[a_i]$。因为 $a_j \in V_\mathscr{F}[a_j]$ 且 $a_j \in V_{\mathscr{F}'}[a_i]$，我们有 $V_{\mathscr{F}'}[a_j] = V_{\mathscr{F}'}[a_i]$，但是由于 $V_\mathscr{F}[a_j] \subset V_{\mathscr{F}'}[a_j]$，有 $V_\mathscr{F}[a_j] \subset V_{\mathscr{F}'}[a_i]$，因此，$(V_\mathscr{F}[a_i] \cup V_\mathscr{F}[a_j]) \subseteq V_{\mathscr{F}'}[a_i]$。

b. 令 F_h 和 F_k 分别为由函数 **Fragment** 计算的对应于 $V_\mathscr{F}[a_i]$ 和 $V_\mathscr{F}[a_j]$ 的两个碎片。不失一般性，假设 $h < k$（因为 $h > k$ 这种情况的证明可以对称地得到）。令 a_{k_1} 为第一个嵌入到 F_k 的属性。回顾一下，函数嵌入一个属性到一个新碎片当且仅当该属性不能被嵌入到已经存在的碎片（如 F_h）而不违反约束。因此，属性集 $F_h \cup \{a_{k_1}\}$ 违反一个约束，同样包含 $F_h \cup \{a_{k_1}\}$ 的 $V_\mathscr{F}[a_i] \cup V_\mathscr{F}[a_j]$ 也违反一个约束。

这就产生了矛盾。

因此，由图4.8的函数 **Fragment** 计算的解 $\mathscr{F}$ 是一个向量最小分裂。

定理4.7（复杂度） 给定一个约束集 $\mathscr{C} = \{c_1, \cdots, c_m\}$ 和一个属性集 $\mathscr{A} = \{a_1, \cdots, a_n\}$，图4.8的函数 **Fragment**$(\mathscr{A}, \mathscr{C})$ 的时间复杂度为 $O(n^2 m)$。

证明 从 $A\_ToPlace$ 选择属性 $attr$，最坏的情况是，图4.8的函数 **Fragment** 扫描数组 $N\_con[\ ]$，并对每一个至少出现在一个约束的属性调整数组 $N\_con[\ ]$。对每一个选择的属性，该运算需要 $O(nm)$。选择阶段之后，每个属性都被嵌入到一个碎片中。注意在最坏的情况，碎片的数量是 $O(n)$。选择正确的包含 $attr$ 的碎片，在最坏的情况下，函数试图将它嵌入到所有的碎片 $F \in \mathscr{F}$，并将 $F \cup \{attr\}$ 与 $Con[attr]$ 中的约束比较。因为在所有的碎片中属性数量的和为$O(n)$，则$O(n)$个属性将与$O(m)$个包含$attr$的约束进行比较，最坏的情况下，对每一个$attr$的复杂度是$O(nm)$。选择正确的碎片的复杂度是$O(n^2m)$。综上所述，总共的时间复杂度为$O(n^2m)$。

4.7 将属性亲和力考虑进去

最小分裂的计算是利用明文属性的高出现率使得查询有效的基本原理。虽然该原理在许多情况下被认为是可行的，其他准则也可以被用来计算一个分裂。实际上，依赖于数据的使用，也许保持某些属性间的联系是有用的。例如，看图4.2的分裂，假设该数据需要用于统计的目的。特别地，假设医生应该能够探究特殊Sickness与病人的Occupation之间的联系。但是，计算出来的分裂并不能使Sickness与Occupation之间的联系变成可见的，因此，使得需要的分析变得不可能（因为这可能会违反约束）。在这种情况下，这两个属性以明文形式存储在同一个碎片的分裂比计算出来的分裂更可取。保持某些特殊属性一起出现在同一个碎片的需求不仅依赖于数据的使用，而且依赖于数据上需要经常执行的查询。实际上，给定一个查询Q和一个分裂$\mathscr{F}$，执行Q的消耗根据用来计算查询的具体碎片的使用而不同。这说明，关于一个具体查询的工作量，就查询操作而言不同的分裂可能比其他的更方便。

在分裂过程中，为了同时考虑数据的使用和查询工作量，我们利用属性亲和力（attribute affinity）的概念，它本来是用于表达在分布式DBMSs[76]中，在同一个碎片中使用属性对的好处，因此它被模式设计算法采用，并使用工作量的知识来计算一个适合的分割。在本文，属性亲和力也用于衡量在相同的碎片中保持属性的需求的强烈程度。考虑$\mathscr{A}_f$中属性间的总次序关系$<_A$，并用a_i来表示有序序列中的第i个属性，属性间的亲和力通过一个亲和力矩阵（affinity matrix）来表示。该矩阵对每一个出现在非单元约束中的属性都有一行和一列，记为M，且每一个单元格$M[a_i, a_j]$表示将a_i和a_j两个属性放在同一个碎片中所得到的收益。显然，亲和力矩阵只含正值且关于主对角线对称。对所有的a_i，$M[a_i, a_i]$没有定义。亲和力矩阵可以表示成一个三角矩阵，其中，只有那些满足$M[a_i, a_j]$，$i < j$（即$a_i <_A a_j$）的单元格才被表示出来。图4.10给出了图4.1中的关系 Patient的一个亲和力矩阵，其中$<_A$是字典序。

属性亲和力自然地应用于碎片和分裂。保持属性的高亲和力的分裂备受欢迎。为了说明这个原因，定义分裂亲和力（fragmentation affinity）的概念。直观地，一个碎片的亲和力是该碎片中不同属性对的亲和力之和；一个分裂的亲和力是在它当中的碎片的亲和力之和。形式化定义如下。

定义4.13（分裂亲和力） 令R为一个关系模式，M是R的一个亲和矩阵，$\mathscr{C}$是R上良好定义的约束集，$\mathscr{F}$是R的一个正确的分裂。$\mathscr{F}$的亲和力记为$affinity(\mathscr{F})$，计算如下：

$$affinity(\mathscr{F}) = \sum_{k=1}^{n} aff(F_k)$$

其中，$aff(F_k) = \sum_{a_i,a_j \in F_k, i<j} M[a_i, a_j]$是碎片$F_k$的亲和力，$k=1,\cdots,n$。

例如，考虑图4.10的亲和力矩阵和分裂$\mathscr{F}$={{Name,ZIP},{Occupation,Sickness}}。则$affinity(\mathscr{F}) = aff(\{\text{Name,ZIP}\}) + aff(\{\text{Occupation,Sickness}\}) = M[\text{N,Z}] + M[\text{O,S}]$=5+5=10。有了亲和力的定义，问题就变成：确定一个正确的分裂，使得它有最大的亲和力。正式描述如下。

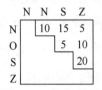

图4.10 亲和矩阵

问题4.2（最大亲和力） 给定一个关系模式R，R上一个良好定义的约束集$\mathscr{C}$和一个亲和力矩阵M，找一个R的分裂$\mathscr{F}$，使得它满足以下所有条件：

1. $\mathscr{F}$正确执行$\mathscr{C}$（定义4.5）；
2. $\mathscr{F}$最大化可见度（定义4.6）；
3. 不$\exists\mathscr{F}'$使得$affinity(\mathscr{F}') > affinity(\mathscr{F})$且满足以上两个条件。

与问题4.1一样，最大亲和力问题也是一个NP困难问题，由下面的定理正式给出。

定理4.8 最大亲和力问题是NP困难问题。

证明 该证明是NP困难问题最小碰撞集合（minimum hitting set）问题[50]的一个归约，叙述如下：给定一个由集合S的子集构成的集合C，找到S的最小的子集S'，使得S'至少包含C中每一个子集的一个元素。

将碰撞集合问题归约到最大亲和力问题，如下。令S'为最小碰撞集合问题的解，令 $R = S \cup \{a_c\}$ 为一个关系，其中 a_c 是不同于 S 中其他任何元素的一个属性。

我们只考虑 C 中势大于1的集合，由于 C 中任意单元集 s 对应的元素必须被嵌入到解 S' 中，而且可以直接地将它放进去。另外，如果 $s_i, s_j \in C$ 且 $s_i \subset s_j$，s_j 是冗余的，可以从 C 中移除，因为如果 S' 包含 s_i 的一个元素，则它也包含 s_j 的一个元素。因此，令 $\mathscr{C}_f = \{s \in C : |s| > 1 \text{ 且 } \forall s' \in C, s' \not\subset s\}$ 为关系约束集，$\mathscr{A}_f = \{a \in R : \{a\} \notin C\}$ 为要被分裂的属性集。注意约束集 $\mathscr{C}_f$ 的构造以 C 为多项式，通过构造，$\mathscr{C}_f$ 是一个良好定义的关系约束集。而且，a_c 不含于 $\mathscr{C}_f$ 的任何约束中。现在，考虑这样的亲和矩阵，除了关于 a_c 的分量设为1之外，其他的分量都为1（即 $M[a_i, a_j] = 1$ 当且仅当 $a_i = a_c$ 或 $a_j = a_c$；否则，$M[a_i, a_j] = 0$）。

由于只有属性 a_c 与其他属性之间的亲和力是大于0的，因此以最大化亲和力为目标的分裂算法计算一个分裂，其中包含 a_c 的碎片 F_c 包含了最多的能被嵌入到一个碎片的属性，而且又不违反。计算出来的分裂的亲和力相当于 F_c 的势。只有当所有属性都属于同一个碎片才会违反一个约束，因此一个碎片也许包含一个约束的除一个外其他所有的属性。所以，最大化 F_c 的属性的数量等价于最小化属性集 S' 的大小，其中 S' 包含了每一个约束的至少一个属性。S' 是最小碰撞集合问题的解。综上所述，R 上关于 M 的，满足 $\mathscr{C}_f$ 中所有约束的一个最大亲和力分裂 $\mathscr{F}$ 对应于最小碰撞集合问题的一个解。特别地，给定包含属性 a_c 的碎片 F_c，最小碰撞集合问题的解是 $S' = R - F_c$。

下一节，我们给出问题4.2的一个启发式方法。

4.8 最大化亲和力的一个启发式方法

我们的启发式方法利用一个贪婪算法来确定一个最大化亲和力的分裂，在每一步，合并有高亲和力的碎片。该方法开始将每一个属性分配到不同的碎片中。碎片对之间的亲和力是包含在它们的并集中的属性间的亲和力（由亲和力矩阵给出）。然后，有最高亲和力的两个碎片，设为亲和力矩阵 F_i 和 F_j，被合并在一起（如果这样不会违反约束），而且 F_i 更新为将 F_j 中的属性加入到 F_i 所得到的碎片，而 F_j 被移除。新的 F_i 关于任何其他碎片 F_k 的亲和力，为之前的 F_k 与旧的 F_i 和 F_j 之间的亲和力之和。在每一步，启发式方法以一种贪婪的方式运行，迭代地合并具有高亲和力的碎片，直到没有碎片可以被合并而又不违反约束。图4.11形象地表述了我们的启发式方法；在每一步，灰色的盒子表示有最大亲和力的碎片对。该方法的正确性是由这样的事实支撑的：在每一步，得到的分裂的亲和力只会增加。事实上，很容易看出亲和力关于支配关系是单调的（见4.8.2 节的引理4.2）。

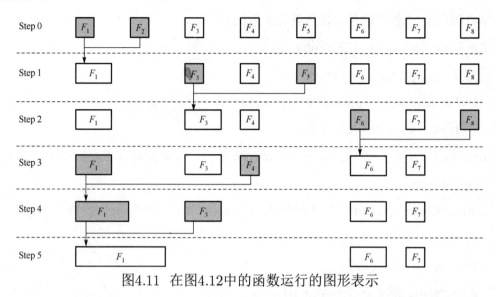

图4.11 在图4.12中的函数运行的图形表示

下面的小节描述了应用这个启发式方法的函数。在这个函数中，我们使用亲和力矩阵并将碎片中合并会违反约束的碎片的亲和力设为-1（因此在计算合并碎片时忽略），来代替使用控制约束来确定两个碎片是否可以被合并的方法。

4.8.1 用亲和力矩阵计算向量最小分裂

图4.12的函数**Fragment**以属性集$\mathscr{A}_f$和良好定义的非单元约束集$\mathscr{C}_f$作为输入。它计算$\mathscr{A}_f$的向量最小分裂Max，在每一步，是根据它们的亲和力来选择碎片的。下面，我们对记号做微小的改变，用$M[F_i, F_j]$表示亲和力矩阵中F_i和F_j的关于次序关系$<_A$的最小属性（即$F_i.first$和$F_j.first$）对应的分量。

FRAGMENT$(\mathscr{A}_f, \mathscr{C}_f)$
/*每个属性一个分片的初始解*/
$C\_ToSolve := \mathscr{C}_f$
$Max := \emptyset$
$FragmentIndex := \emptyset$
for $i = 1 \ldots |\mathscr{A}_f|$ **do**

$F_i := \{a_i\}$

$Max := Max \cup \{F_i\}$

$FragmentIndex := FragmentIndex \cup \{i\}$

/*M中对应于约束的单元格被置为无效的*/

for each $\{a_x, a_y\} \in C\_ToSolve$ **do**

  $M[F_{min(x,y)}, F_{max(x,y)}] := -1$

  $C\_ToSolve := C\_ToSolve - \{\{a_x, a_y\}\}$

/*使用最大亲和力提取分片对*/

Let $[F_i, F_j], i < j$ and $i, j \in FragmentIndex$, be the pair of fragments with maximum affinity

while $|FragmentIndex| > 1 \wedge M[F_i, F_j] \neq -1$ **do** /*合并两个分片*/

  $F_i := F_i \cup F_j$

  $Max := Max - \{F_j\}$

  $FragmentIndex := FragmentIndex - \{j\}$

  /*更新亲和力矩阵*/

  for each $k \in FragmentIndex : k \neq i$ **do**

    if $M[F_{min(i,k)}, F_{max(i,k)}] = -1 \vee M[F_{min(j,k)}, F_{max(j,k)}] = -1$ **then**

      $M[F_{min(i,k)}, F_{max(i,k)}] := -1$

    else

      for each $c \in C\_ToSolve$ **do**

        if $c \subseteq (F_i \cup F_k)$ **then**

          $M[F_{min(i,k)}, F_{max(i,k)}] := -1$

          $C\_ToSolve := C\_ToSolve - \{c\}$

      if $M[F_{min(i,k)}, F_{max(i,k)}] \neq -1$ **then**

        $M[F_{min(i,k)}, F_{max(i,k)}] := M[F_{min(i,k)}, F_{max(i,k)}] + M[F_{min(j,k)}, F_{max(j,k)}]$

  Let $[F_i, F_j], i < j$ and $i, j \in FragmentIndex$, be the pair of fragments with maximum affinity

return(Max)

图4.12 寻找一个有最大亲和力的向量最小分裂的函数

首先，函数初始化要解决的约束集$C\_ToSolve$为$\mathscr{C}_f$，对$\mathscr{C}_f$中的每一个属性a_i，Max初始化为有一个碎片F_i的分裂，并创建一个集合$FragmentIndex$包含了每一个碎片$F_i \in Max$的索引i。函数同时检验$C\_ToSolve$中所有只由两个属性组成的约束，并将亲和力矩阵中对应的分量设置为-1。这些约束将从$C\_ToSolve$中移除。通常，在算法的每一个迭代中，对每一个$i<j$，如果由$F_i \cup F_j$得到的碎片违反某些约束，则$M[F_i, F_j] = -1$。

然后，函数**Fragment**执行一个**while**循环，在每一次循环中，如下合并Max中的两个碎片：如果还有碎片对可以合并，即在M中仍有不同于-1的分量，函数确定出M中有最大值的分量$[F_i, F_j]$（$i<j$）。然后，F_i更新为这两个碎片的并集，并将F_j从Max中移除。同时，j也从$FragmentIndex$中移除，因为相应的碎片已经不再是解的一部分。最后，函数更新M。特别地，对每一个碎片F_k，$k \in (FragmentIndex - \{i\})$，如果分量$M[F_i, F_k]$或$M[F_j, F_k]$为$-1$，又或者如果$F_i \cup F_k$违反仍在$C\_ToSolve$中的至少一个约束，则分量$M[F_i, F_k]$设置为$-1$。在后一种情况下，从$C\_ToSolve$中移除被违反的约束$\{c_x, \cdots, c_y\}$。否则，将$M[F_j, F_k]$与$M[F_j, F_k]$相加。

例4.7 图4.13给出了函数**Fragment**应用于图4.1的例子和图4.12的亲和力矩阵的每一步的执行。图4.13的左边给出了碎片和选择的碎片对F_i和F_j的值。中间部分给出了矩阵M的值，其中暗灰色的列表示与其他碎片合并，并因此从碎片集中移除的碎片。右边给出了要解决的约束集$C\_ToSolve$：如果一个属性属于$C\_ToSolve$中的约束c_i，对应的分量设为×；如果c_i从$C\_ToSolve$中被移除，则分量设置为✓。

开始时，所有约束都没解决，而且对$\mathscr{A}_f$中的每一个属性都有一个碎片F。首先，将只含两个属性的约束对应的M中的分量值更新为-1，即c_1和c_2，然后从$C\_ToSolve$中移除。然后，函数**Fragment**在M中选择最大亲和力的分量，即$M[F_3, F_4] = 20$。因此，F_4被合并到F_3（第4列变成暗灰色表示碎片F_4已经不存在）。然后，亲和力矩阵中的值被更新：分量$M[F_1, F_3]$被设置为-1，因为在合并运算之前，$M[F_1, F_3]$是-1；$M[F_2, F_3]$应该设置为$M[F_2, F_3] + M[F_2, F_4] = 5 + 10 = 15$，但是碎片$\{O, S, Z\}$违反约束$c_3$，因此分量被设置为$-1$，并且$c_3$从$C\_ToSolve$中移除。最终的解为$Max=\{\{Name\},\{Occupation\},\{Sickness,ZIP\}\}$，亲和力为20。（注意图4.8中的函数**Fragment**计算出来的在图4.9中的解只有2个碎片，但是它的亲和力为10）。

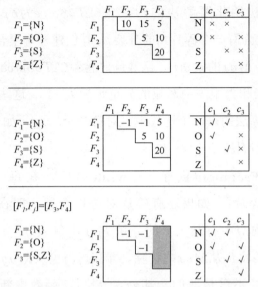

图4.13 在图4.12中的函数**Fragment**的执行

图4.12的函数**Fragment**可以用来模拟图4.8的函数**Fragment**，通过将图4.12的函数考虑的属性归类排序，并将包含0的亲和力矩阵看成每一个属性对之间的亲和力的值。属性的排序可以很容易地通过迭代计算未解决的关于a的约束$N\_con[a]$的数量来计算，而且作为次序列表的下一个元素，嵌入最大化$N\_con[a]$的属性。由于亲和力矩阵只包含0和-1，选择碎片对来作为下一个最大亲和力对的次序与图4.8的函数**Fragment**一样。

4.8.2 正确性与复杂度

在证明这个启发式方法的正确性与复杂度之前，介绍两个引理来分别证明分裂的亲和力关于支配关系$\preceq$是单调的和矩阵计算的正确性。

引理4.2（单调性） 令R为一个关系，M是R的一个亲和力矩阵，$\mathscr{C}$是R上一个良好定义的约束集，$\mathscr{F}$和$\mathscr{F}'$是R的两个正确的分裂。如果$\mathscr{F} \preceq \mathscr{F}' \Longrightarrow affinity(\mathscr{F}) \leqslant affinity(\mathscr{F}')$。

证明 由定义，给定两个分裂$\mathscr{F} = \{F_1, \cdots, F_n\}$和$\mathscr{F}' = \{F_1', \cdots, F_m'\}$，满足$\mathscr{F} \preceq \mathscr{F}'$，则$V_\mathscr{F}[a] \subseteq V_{\mathscr{F}'}[a], \forall a \in \mathscr{A}_f$。因此，对每一个满足$V_\mathscr{F}[a] = V_{\mathscr{F}'}[a]$的$a$，包含$a$的分别在$\mathscr{F}$和$\mathscr{F}'$中的两个碎片$F$和$F'$的亲和力是相同的。反过来，对所有满足$V_\mathscr{F}[a] \subset V_{\mathscr{F}'}[a]$的$a$，包含$a$的分别在$\mathscr{F}$和$\mathscr{F}'$中的两个碎片$F$和$F'$的亲和力满足$aff(F) \leqslant aff(F')$。事实上，$\forall a_i \in F', a_j \in (F' - F), i < j$,

有$aff(F') = aff(F) + \sum M[a_i, a_j]$。由于$M[a_i, a_j]$的值总是非负的，因此有，如果$\mathscr{F} \prec \mathscr{F}'$，则$affinity(\mathscr{F}) \leqslant affinity(\mathscr{F}')$。如果$\mathscr{F} = \mathscr{F}'$，则直接可以看出$affinity(\mathscr{F}) = affinity(\mathscr{F}')$。

引理4.3 在图4.12的函数**Fragment**中，在**while**循环的每一次迭代的开始，$M[F_i, F_j] = -1 \iff \exists c \in \mathscr{C} : c \subseteq (F_i \cup F_j)$。

证明 开始时，函数**Fragment**查找只包含两个属性$\{a_x, a_y\}$的约束，并将M中关于碎片对$F_x = \{a_x\}$和$F_y = \{a_y\}$的分量设置为-1。而且，从$C\_ToSolve$中移除这些约束。

当函数**Fragment**合并两个碎片F_i和F_j（$i < j$）时，j被从$FragmentIndex$中移除。对每一个$FragmentIndex$中不等于i的索引k，如果$M[F_{min(i,k)}, F_{max(i,k)}]$或$M[F_{min(j,k)}, F_{max(j,k)}]$在更新前的值为$-1$，则$M[F_{min(i,k)}, F_{max(i,k)}]$的值被设置为$-1$。

实际上，在合并F_i和F_j之前，如果$F_i \cup F_k$或者$F_j \cup F_k$违反一个约束，则在更新之后，$F_i \cup F_k$也违反约束（即$\exists c \in \mathscr{C}$使得$c \subseteq F_i$或者$c \subseteq F_j$），因为$F_i$在更新之后被设置为$F_i \cup F_j$。注意，从$C\_ToSolve$中移除的约束用$-1$表示，且始终在$M$中保持。另外，当$F_i \cup F_k$被查出违反约束时，算法在$C\_ToSolve$中寻找关于$F_i \cup F_k$的子集的约束，且从$C\_ToSolve$中移除相应的约束，因为在$M$中有一个$-1$来表示它。

定理 4.9（正确性） 图4.12的函数**Fragment**终止并找到一个向量最小分裂（定义4.12）。

证明 函数**Fragment**总是会终止。事实上，**while**循环会终止，因为在每一次迭代，$FragmentIndex$中的索引的数量减少1，而且只有当$FragmentIndex$中至少包含两个索引时，迭代才会运行。

下面证明该函数在$\mathscr{A}_f$和$\mathscr{C}_f$上计算出来的解是一个向量最小分裂。由定义4.12的最小性，一个分裂$\mathscr{F}$是向量最小的当且仅当：① 它是正确的；② 它最大化可见度；③ $\nexists \mathscr{F}' : \mathscr{F} \prec \mathscr{F}'$满足以上两个条件。由图4.12的函数**Fragment**计算的分裂$\mathscr{F}$满足以下三个性质。

1. 函数**Fragment**以一个正确的单分裂（$F_i := \{a_i\}$，对所有的$a_i \in \mathscr{A}_f$）开始，并迭代地合并只形成正确分裂的碎片，因为提取要被合并的碎片对相当于最大亲和力碎片对的提取，并且只有当他们的亲和力是一个正值时，碎片才被合并。由引理4.3，只有那些并集不违反约束的碎片才被合并。由此归纳$\mathscr{F}$正确地强制$\mathscr{C}$。

2. 因为$\mathscr{A}_f$中每一个碎片初始地恰好被嵌入一个碎片中，而且一旦两个碎片被合并，只有它们的并集才保留在$\mathscr{F}$中，因此，函数**Fragment**产生一个分裂$\mathscr{F}$，使得它满足最大化可见度的条件。

3. 反证，令$\mathscr{F}'$为满足$\mathscr{C}_f$中的约束并最大化可见度的分裂，使得$\mathscr{F} \prec \mathscr{F}'$。令$V_\mathscr{F}$和$V_{\mathscr{F}'}$分别为关于$\mathscr{F}$和$\mathscr{F}'$的分裂向量。

定理4.6已经证明了：$\mathscr{F}'$包含一个碎片$V_{\mathscr{F}'}[a_i]$，它是$\mathscr{F}$的两个不同的碎片$V_\mathscr{F}[a_i]$和$V_\mathscr{F}[a_j]$的并集。下面我们需要证明：函数**Fragment**不会因两个不同的碎片的合并不违反任何约束而终止。

令F_h和F_k分别为函数**Fragment**计算的关于$V_\mathscr{F}[a_i]$和$V_\mathscr{F}[a_j]$的两个碎片。不失一般性，假设$h < k$（因为$h > k$的情况的证明可以对称地得到）。由引理4.3，只有对并集生成正确的碎片对，M才包含非负值，因此函数**Fragment**不可能以分裂$\mathscr{F}$终止，因为需要考虑M仍包含一个非负值（$M[F_h, F_k]$）。这产生了矛盾。

因此，由图4.12的函数**Fragment**计算的解$\mathscr{F}$是一个向量最小分裂。

定理 4.10（复杂度） 给定一个约束集$\mathscr{C} = \{c_1, \cdots, c_m\}$和一个属性集$\mathscr{A} = \{a_1, \cdots, a_n\}$，图4.12的函数**Fragment**$(\mathscr{A}, \mathscr{C})$的时间复杂度为$O(n^3 m)$。

证明 函数**Fragment**的第一个**for**和**for each**循环消耗$O(n + m)$。**while**循环运行$O(n)$次，因为在每一次迭代中，一个元素被从$FragmentIndex$中提取。**for each**循环嵌套到**while**循环，更新亲和力矩阵中对应于碎片F_i和F_j的分量。但是j简单地从$FragmentIndex$中被移除，而且矩阵中的F_j这一列被简单地忽略，对应于F_i（数量为$O(n)$）的分量的更新消耗$O(n^2 m)$，因为$C\_ToSolve$中所有包含$F_i \cup F_j$的约束都被考虑。每一次从M中提取有最大亲和力的碎片对只是简单地扫描（以最坏的情况）整个亲和力矩阵，而且它的计算时间代价是$O(n^2)$，因此，总共的时间复杂度是$O(n^3 m)$。

4.9 查询代价模型

设计物理数据库的标准方法是将一个代表性的查询集看成一个找具体的满意解的起点。将属性集与多于两个的明文属性出现在同一个碎片的收益考虑进去，该方法同样可以应用于分裂数据。为了这个目的，首先介绍以下的查询代价函数。

给定R的一个分裂$\mathscr{F}$，可以在构成$\mathscr{F}$的每一个碎片上计算任意查询Q，因为相应的物理碎片包含R的所有属性，可以是加密的，也可以是明文。但是，一个查询的代价会随着用于查询计算的碎片的关系模式而变化。总的来说，对于一个给定的查询工作量，一些分裂可以比其他分裂呈现出更低的代价。因此，我们感兴趣的是确定一个正确的、有最大化可见度的并且有最低代价的分裂。为此，我们对分裂的图上的查询介绍一个查询代价模型。

我们将一个查询工作量$\mathcal{Q}$描述为一个查询集$\{Q_1,\cdots,Q_m\}$，其中每一个查询Q_i，$i=1,\cdots,m$的特点是执行频率为$freq(Q_i)$，而且它的形式为：

SELECT $a_{i_1},\cdots,a_{i_n}$

FROM R

WHERE $\bigwedge_{j=1}^{k}(a_j \text{ IN } V_j)$

其中，V_j是属性a_j的定义域内的值的集合。给定一个碎片$F_l \in \mathcal{F}$和一个查询$Q_i \in \mathcal{Q}$，查询Q_i在F_l上的执行代价依赖于在F_l中以明文形式出现的属性集和它们的选择性（selectivity）；在一个碎片中更多的属性以明文形式出现使得该碎片上的查询执行更有效。因此，我们用查询Q_i在F_l上的执行返回的F_l中的元组的百分比来评价F_l上的查询Q_i的选择性。首先，对查询Q_i中的每一个单条件的选择性计算如下。第j个条件的选择性是在碎片中使得属性a_j的值是V_j中的一个值的元组的数量，与F_l中的元组的数量的比值，F_l中的元组的数量对应于原始关系R中的元组的数量：

$$\frac{\sum_{v \in V_j} num\_tuples(a_j, v)}{|R|}$$

其中，$num\_tuples(a_j,v)$表示使得属性a_j的值是v的元组的数量。由于我们假设不同的属性的值之间是独立分布的，因此在F_l上的查询Q_i中的$\bigwedge_{j=1}^{k}(a_j \text{ IN } V_j)$的选择性是每个条件的选择性之间的乘积，记为$S(Q_i,F_l)$。特别地，第$j$个条件有助于选择性的计算，当且仅当相应的属性$a_j$在$F_l$中以明文形式出现；否则，该条件在该碎片上不能被计算，因此选择即将在查询响应中返回的元组是没有用的（在4.12节将要考虑的加密属性上的索引中，将放松该约束）。

碎片F_l上的查询Q_i的代价，记为$Cost(Q_i,F_l)$，是通过返回的信息的大小来计算的，它是$S(Q_i,F_l)$（即碎片F_l上的查询Q_i的选择性）与考虑的碎片中元组的数量，以及结果元组的字节大小记为$size(t_l)$的乘积：

$$Cost(Q_i, F_l) = S(Q_i, F_l) \cdot |R| \cdot size(t_l)$$

在查询优化器代价模型中，这是一个普遍假设，特别是在信息需要在不同的组成要素中交换,且查询的计算代价不看得那么重要的系统中。注意,在系统结构中,只使用对称加密,当今处理器最善于应用它,即使是在高速率(high-rate)的传输中。因此,有理由去构建一个不考虑这个方面的代价模型。

注意在查询Q_i中,SELECT分句中的属性集和WHERE分句中的属性集都决定了每一个结果元组的字节大小。实际上,如果在SELECT分句或WHERE分句中至少存在一个以明文形式出现在F_l中的属性,则$size(t_l)$是在**SELECT**分句中以明文形式出现在F_l中的每一个属性的字节大小与该碎片的enc属性的字节大小的和。原因是碎片的被加密的部分是随后需要通过解密被取回想要的属性。因此,$\mathscr{F}$上的计算查询Q_i的最终代价是$\mathscr{F}$中每个碎片上的计算查询代价的最小值。换句话说,给定$\mathscr{F} = \{F_1, \cdots, F_r\}$,$\mathscr{F}$上的计算查询$Q_i$的代价为:

$$Cost(Q_i, \mathscr{F}) = Min(Cost(Q_i, F_1), \cdots, Cost(Q_i, F_r))$$

分裂$\mathscr{F}$关于$\mathscr{Q}$的代价是每个查询Q_i的代价$Cost(Q_i, \mathscr{F})$与它的频率的乘积的加权。正式描述如下。

定义4.14(分裂代价) 令R为一个关系模式,$\mathscr{C}$为R上良好定义的约束集,$\mathscr{F}$为R的最大化可见度的一个分裂,而且$\mathscr{Q} = \{Q_1, \cdots, Q_m\}$是$R$的查询工作量。关于$\mathscr{Q}$的$\mathscr{F}$的分裂代价,记为$Cost(\mathscr{Q}, \mathscr{F})$,计算如下:

$$Cost(\mathscr{Q}, \mathscr{F}) = \sum_{i=1}^{m}(freq(Q_i) \cdot Cost(Q_i, \mathscr{F}))$$

例4.8 考虑图4.2的Patient关系模式的分裂。给定查询Q:

SELECT *

FROM Patient

WHERE Sickness='Latex al.' AND Occupation='Nurse'

碎片的选择性是:$S(Q, F_1) = 1$,因为Sickness和Occupation都不是以明文形式在F_1中出现的;$S(Q, F_2) = 2/6$,因为Occupation属于F_2,而且在6个病人中有两个nurses;$S(Q, F_3) = 3/6$,因为Sickness属于F_3,而且有3个病人患有Latex allergy。简单地,假设$size(t_1) = size(t_2) = size(t_3) = 1$,有$Cost(Q, \mathscr{F}) = Min(6, 2, 3)$。$Cost(Q, F_2) = 2$。

这里定义的函数代价有一个很漂亮的性质。实际上,它关于支配关系$\preceq$是单调的,下面的定理证明了这点。

引理 4.4（单调性） 给定一个关系模式R，R上一个良好定义的约束集$\mathscr{C}$，要被分裂的属性集$\mathscr{A}_f \subseteq R$和$R$的一个查询工作量$\mathscr{Q}$，$\forall \mathscr{F}_i, \mathscr{F}_j \in \mathfrak{F}: \mathscr{F}_i \preceq \mathscr{F}_j \Longrightarrow Cost(\mathscr{Q}, \mathscr{F}_j) \leqslant Cost(\mathscr{Q}, \mathscr{F}_i)$。

证明 考虑两个分裂$\mathscr{F}_i$和$\mathscr{F}_j$满足$\mathscr{F}_i \preceq \mathscr{F}_j$，$\mathscr{F}_i = \{F_1^i, \cdots, F_n^i\}$，$\mathscr{F}_j = \{F_1^j, \cdots, F_{n-1}^j\}$。由定义4.8，$\mathscr{F}_j$是通过合并$\mathscr{F}_i$中的两个碎片得到的，不妨设$F_a^i$和$F_b^i$合并得到$F_c^j$。因此，$\forall F_x^j$，$x \neq c$，存在一个碎片$F_y^i = F_x^j$，因此$\forall Q_k \in \mathscr{Q}$，$S(Q_k, F_x^j) = S(Q_k, F_y^i)$。现在考虑碎片$F_c^j$，我们断定$\forall Q_k \in \mathscr{Q}$，$S(Q_k, F_c^j) \leqslant S(Q_k, F_a^i)$且$S(Q_k, F_c^j) \leqslant S(Q_k, F_b^i)$，因为$F_c^j = F_a^i \cup F_b^i$而且任何条件（$a$ IN V）的选择性在0和1之间。而且，由于F_c^j比F_a^i（和F_b^i）有更多以明文形式出现的属性，任何查询Q_k的计算在呈现属性上可以更精确。因此，$size(t_a) \geqslant size(t_c)$，且$size(t_b) \geqslant size(t_c)$。

综上所述，$\forall Q_k \in \mathscr{Q}$，$Cost(Q, F_c^j) \leqslant Cost(Q_k, F_a^i)$，$Cost(Q, F_c^j) \leqslant Cost(Q_k, F_b^i)$。

因为$\forall Q_k \in \mathscr{Q}$，$Cost(Q_k, \mathscr{F})$是$Cost(Q_k, F)$中的最小值，所有通过$\mathscr{F}_i$分配给$F_a^i$和$F_b^i$的查询，通过$\mathscr{F}_j$被分配给了$F_c^j$，因此，对于这些查询，$Cost(Q_k, \mathscr{F}_j) \leqslant Cost(Q_k, \mathscr{F}_i)$。没有被$\mathscr{F}_i$分配给$F_a^i$和$F_b^i$的查询，可能被$\mathscr{F}_j$分配给了$F_c^j$。这种情况只有当对于事先选择的碎片$F_x^i$，$Cost(Q_k, F_c^j)$比$Cost(Q_k, F_x^i)$小的时候才发生。综上所述，$\forall Q_k \in \mathscr{Q}$，$Cost(Q_k, \mathscr{F}_j) \leqslant Cost(Q_k, \mathscr{F}_i)$。因为对$\mathscr{F}_i$和$\mathscr{F}_j$的查询频率都是一样的，因此有$Cost(\mathscr{Q}, \mathscr{F}_j) \leqslant Cost(\mathscr{Q}, \mathscr{F}_i)$。

这个性质可以很容易推广到任意的分裂对$\mathscr{F}_i$和$\mathscr{F}_j$，$\mathscr{F}_i \preceq \mathscr{F}_j$。考虑$(\mathfrak{F}, \preceq)$，从$\mathscr{F}_i$到$\mathscr{F}_j$有一条路径。路径中的每一个解$\mathscr{F}_a$支配着路径中在它之前的解$\mathscr{F}_b$。所以，$Cost(\mathscr{Q}, \mathscr{F}_a) \leqslant Cost(\mathscr{Q}, \mathscr{F}_b)$。将这个结论归纳地应用于所有从$\mathscr{F}_i$到$\mathscr{F}_j$的路径，得$Cost(\mathscr{Q}, \mathscr{F}_j) \leqslant Cost(\mathscr{Q}, \mathscr{F}_i)$。

现在，我们感兴趣的是找一个正确的分裂$\mathscr{F}$，使它有最大化可见度且关于一个确定的查询工作量的代价最小，也就是说，不存在另外一个满足约束，最大化可见度的分裂，使得它的代价比关于$\mathscr{F}$的代价更小。这个问题描述如下。

问题 4.3（最小代价） 给定一个关系模式R，R上一个良好定义的约束集$\mathscr{C}$和一个对R的查询工作量$\mathscr{Q} = \{Q_1, \cdots, Q_m\}$，找一个$R$的分裂$\mathscr{F}$，使得它满足以下所有条件：

1. $\mathscr{F}$正确执行$\mathscr{C}$（定义4.5）；
2. $\mathscr{F}$最大化可见度（定义4.6）；
3. $\nexists \mathscr{F}'$使得$Cost(\mathscr{Q}, \mathscr{F}') < Cost(\mathscr{Q}, \mathscr{F})$且满足以上两个条件。

与问题4.1和问题4.2一样，最小代价问题也是NP困难的，由如下定理形式化描述。

定理4.11 最小代价问题是NP困难的。

证明 这个证明是NP困难的最小碰撞集合问题的一个归约[50]，最小碰撞集合问题可以表述如下：给定一个由集合S的子集构成的集合C，找S的最小的子集S'，使得S'至少包含C中每一个子集的一个元素。

碰撞集合问题到最小代价问题的归约可以如下定义。令S'为最小碰撞集合问题的解，$R = S$为只由二元属性组成的一个关系，其中0和1有相同的分布，令$\mathcal{Q}$为该系统的查询工作量。

对于定理4.8的证明，我们只考虑C中势大于1的集合s_i，使得不存在$s_j \in C, s_j \subset s_i$。令$\mathcal{C}_f = \{s \in C : |s| > 1 \text{且} \forall s' \in C, s' \not\subset s\}$为关系约束集，令$\mathcal{A}_f = \{a \in R : \{a\} \notin C\}$为将要分裂的属性集。注意约束集$\mathcal{C}_f$的构造是$C$的多项式。而且，通过构造，$\mathcal{C}_f$是良好定义的，而且不包含单元约束。

现在假设$\mathcal{Q} = \{Q\}$，其中$Q=$ "SELECT $*$ FROM R WHERE $\bigwedge_{a_i \in \mathcal{A}_f}(a_i = 0)$"，而且$freq(Q) = 1$。由于属性值都是同分布的，因此$Q$中所有的条件的选择性都是相同的。所以，$Q$关于任意一个碎片$F$的代价与碎片自身的属性的数量是成比例的。因此，分裂$\mathcal{F}$中最小化关于给定查询的代价的碎片F就是包含最多属性的那一个。由定理4.8的证明，计算有最大势的碎片对应于解最小碰撞集合问题，因为$S' = R - F$。

4.10 最小化查询代价的一个启发式方法

在上一小节提出的两个启发式方法都不适合解决问题4.3，因为它们都没有考虑在相同碎片中出现明文属性集所带来的优势。由上一节介绍的代价函数关于支配关系的单调性（见引理4.4），4.5节提出的完备搜索算法也可以用来计算问题4.3的一个解。在这种情况下，函数**Evaluate**要实现$Cost(\mathcal{Q}, \mathcal{F})$函数。但是，完备搜索算法保持属性数量的指数级。虽然这对于小的关系模式不是一个问题，但是对于复杂的图，这个算法可能不再适用。因此我们提出一个在多项式时间运行的启发式算法。

4.10.1 用代价函数计算一个向量最小分裂

我们的启发是基于完备搜索中的深度优先搜索算法的一个变体，其中，以相同的策略访问被选择的组成分裂树的一些子树，该策略由完备搜索算法提出。如图4.14所示，分裂格被局部地分成$\lceil \frac{n}{d} \rceil$份，其中：

- n是$\mathscr{A}_f$的势；
- d是一个参数，表示在每一步中被完全访问的树的层数[3]；
- ps是一个参数，表示在每一步中查找可能的分裂的数量。

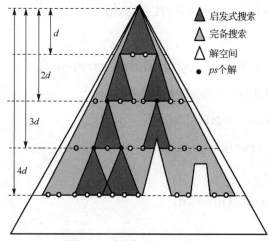

图4.14 搜索空间的表述

将一个根顶点看成格的最高元素$\mathscr{F}_\top$，创建第一个深度为d的子树。在$x \cdot d$层，访问了ps个子树（其中，ps是该启发式方法的另一个参数），将在$x \cdot d$层计算出来的其中一个分裂当成根。访问在$(x+1) \cdot d$层被人为停止，其中，最好的ps个解被选来作为解空间的下一个深度优先访问的根。

图4.15的函数以将要被分裂的属性集$\mathscr{A}_f$，良好定义的非单元约束集$\mathscr{C}_f$，以及参数d和ps为输入。它通过访问$\mathfrak{F}$中的一个分裂子集，计算$\mathscr{A}_f$的一个向量最小分裂Min。

FRAGMENT$(\mathscr{A}_f, \mathscr{C}_f, d, ps)$

$nextqueue := $ NULL /*可能的解的优先队列*/

$currentqueue := $ NULL /*含有最好的ps个解的队列*/

---

[3]如果d等于$|\mathscr{A}_f|$，启发式方法会在完备搜索中退化。

for each $a_i \in \mathscr{A}_f$ **do** $F_i^\top := \{a_i\}$ /*搜索树$\mathscr{F}_\top$的根*/

$marker[\mathscr{F}_\top] := 1$ /* next fragment to be merged */

$Min := \mathscr{F}_\top$ /* current minimal fragmentation */

$MinCost := Cost(\mathscr{Q}, Min)$

/*计算从$\mathscr{F}_\top$开始的d层中最好的ps个解*/

insert$(nextqueue, Min, MinCost)$

while $nextqueue \neq$ NULL **do**

  $i := 1$

  while $(i \leqslant ps) \wedge (nextqueue \neq$ NULL$)$ **do**

    $i := i + 1$

    enqueue$(currentqueue, \textbf{extractmin}(nextqueue))$

  $nextqueue :=$ NULL

  while $currentqueue \neq$ NULL **do**

    $\mathscr{F} := $**dequeue**$(currentqueue)$

    $marker[\mathscr{F}] := 1$

    BoundedSearchMin$(\mathscr{F}, d)$

return(Min)

BOUNDEDSEARCHMIN$(\mathscr{F}_p, dist)$

$localmin := true$ /* minimal correct fragmentation */

for $i = marker[\mathscr{F}_p] \ldots (|\mathscr{F}_p| - 1)$ **do**

  for $j := (i+1) \ldots |\mathscr{F}_p|$ **do**

    if $F_i^p.last <_A F_j^p.first$ **then** /* F_i^p fully precedes F_j^p */

      for $l = 1 \ldots |\mathscr{F}_p|$ **do**

        case:

          $(l < j \wedge l \neq i) : F_l^c := F_l^p$

          $(l > j) : \quad\quad F_{l-1}^c := F_l^p$

          $(l = i) : \quad\quad F_l^c := F_i^p F_j^p$

      $marker[\mathscr{F}_c] := i$

      if **SatCon**(F_i^c) **then**

        $localmin := false$

        if $dist = 1$ **then**
            insert($nextqueue, \mathscr{F}_c, Cost(\mathscr{Q}, \mathscr{F}_c)$)
        else
            BoundedSearchMin($\mathscr{F}_c, dist - 1$) /∗ recursive call ∗/
if $localmin$ **then**
  $cost := Cost(\mathscr{Q}, \mathscr{F}_p)$
  if $cost < MinCost$ **then**
    $MinCost := cost$
    $Min := \mathscr{F}_p$

图4.15 寻找一个有最小代价的向量最小分裂的函数

    该算法使用变量：$marker[\mathscr{F}]$表示分裂$\mathscr{F}$中的标识的位置；Min表示当前最小分裂；$MinCost$表示组成Min的碎片数量；$currentqueue$，包含在$x \cdot d$层中最好的ps个分裂，表示将要访问的子树的根；$nextqueue$包含$(x+1) \cdot d$层中正确的分裂，它是以增长的代价顺序排列的，这些正确的分裂是通过访问以$currentqueue$中的解为根的子树计算出来的。开始，这个算法将变量Min初始化为$\mathscr{F}_\top$，将变量$MinCost$初始化为$\mathscr{F}_\top$的代价。然后，该算法调用函数**BoundedSearchMin**作用于$\mathscr{F}_\top$，由定义4.11迭代地创建$\mathscr{F}_\top$的子节点。然后函数**BoundedSearchMin**($\mathscr{F}_p$)被递归地调用，作用于$\mathscr{F}_p$的每一个子节点$\mathscr{F}_c$，只有当$\mathscr{F}_c$满足所有的约束（即如果函数**SatCon**返回$true$）并且d层没有被达到（reached）时。在后面一种情况，如果$\mathscr{F}_c$是正确的，则它被嵌入到$nextqueue$。注意，函数利用所使用的代价函数的单调性，只有当$\mathscr{F}_p$是局部最小的（即它没有正确的子节点）才将$\mathscr{F}_p$的代价与Min比较。

    访问完以$\mathscr{F}_\top$为根的子树，在$nextqueue$中的最初ps个分裂变成$currentqueue$的内容，$nextqueue$重新初始化为NULL。然后，对每一个$\mathscr{F} \in currentqueue$，除了将$\mathscr{F}$的标识移回作为它的第一个碎片外，调用函数**BoundedSearchMin**。标识的重新初始化意味着，对每一个子树的根分裂$\mathscr{F}$，重新计算所有在格中代表$\mathscr{F}$的子节点的分裂，但是在完备搜索中使用的order-based覆盖中，可能不这样。注意，这个策略可以不止一次地访问格中的相同顶点。但是，一个分裂能够被生成的最大次数是ps。当$currentqueue$变成空集，它就被$nextqueue$中的前ps个分裂所代替，直到树的最后一层被访问。

例4.9 图4.16说明了函数**BoundedSearchMin**应用于例4.1的每一步执行，假设$d=1$，$ps=2$。图4.16(a)的表描述了每一次递归调用**BoundedSearchMin**、变量和$nextqueue$的更新。因此图4.16(a)的表与图4.7(a)的表除了表示$nextqueue$的最后一列，以及表示解中的碎片数量的那一列被换成了碎片的代价之外，其他的结构都相同。图4.16(b)说明了被算法访问的部分格。开始的时候，变量Min初始化为[N|O|S|Z]，该分裂表示树的根。代价$MinCost$初始为20，$nextqueue$初始为空集。首先调用函数**BoundedSearchMin**，作用于$dist=1$的[N|O|S|Z]上。由于$dist-1=0$，则从[N|O|S|Z]生成的且满足约束的分裂不发起对函数**BoundedSearchMin**的递归调用，但是在计算了它们的代价之后被嵌入到$nextqueue$。然后调用函数**BoundedSearchMin**，作用于从$nextqueue$提取的前两个分裂，即，[N|O|SZ]和[N|OZ|S]。最后由该启发式算法计算出来的分裂与**SearchMin**计算出来的结果相同。

Bounded($\mathcal{F}_p$,dist)	F_i^p	F_j^p	$\mathcal{F}_c$	SatCon(F_i^c)	Bounded($\mathcal{F}_c$,dist)	Cost($\mathcal{L}$,$\mathcal{F}_c$)	Min	nextqueue
N|O|S|Z,1	N	O	NO|S|Z	false	-			
		S	NS|O|Z	false	-			
		Z	NZ|O|S	true	-	18		NZ|O|S,18
	O	S	N|OS|Z	true	-	12		N|OS|Z,12
		Z	N|OZ|S	true	-	8		N|OZ|S,8
	S	Z	N|O|SZ	true	-	5		N|O|SZ,5
N|O|SZ,1	N	O	NO|SZ	false	-			
		SZ	NSZ|O	false	-			
	O	SZ	N|OSZ	false	-	5	N|O|SZ	
N|OZ|S,1	N	OZ	NOZ|S	false	-			
		S	NS|OZ	false	-			
	OZ	S	-	-	-	8		

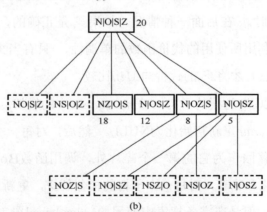

(b)

图4.16 在图4.15中的函数**Fragment**的执行

4.10.2 正确性和复杂度

下面我们评估图4.15中的函数**Fragment**的正确性和复杂度。

定理 4.12（正确性） 图4.15中的函数**Fragment**终止并找到一个向量最小分裂（定义4.12）。

证明 如果组成该函数的所有while循环都终止，函数**Fragment**终止。当$nextqueue$为空时，使得内部的while循环终止，从而导致外部的while循环终止。第一个内部循环终止因为变量i在每一步都增加1。当$i > ps$时它便终止。第二个内部while循环终止，因为每一次迭代都从$currentqueue$中取出一个元素，而且函数**BoundedSearchMin**也终止。实际上，在每一次递归调用中，函数**BoundedSearchMin**在父节点中组合两个碎片来计算它的子节点，而且递归终止，因此在每一次调用中，$dist$减少1。由于**BoundedSearchMin**终止，嵌入到$nextqueue$的项数是有限的。而且，分裂树中的层数也是有限的。因此，$nextqueue$变为空集，则**Fragment**终止。

下面证明由该函数在$\mathcal{A}_f$和$\mathcal{C}_f$上计算的解$\mathcal{F}$是一个向量最小分裂。由定义4.12的最小性定义可知，一个分裂$\mathcal{F}$是向量最小的，当且仅当：① 它是正确的；② 它最大化可见度；③ $\nexists \mathcal{F}' : \mathcal{F} \prec \mathcal{F}'$满足以上两个条件。前两个性质可直接由定理4.4的证明得到，因此函数**BoundedSearchMin**与**SearchMin**在生成候选解时是一样工作的。我们只需要证明第三个性质。

由反证法，令$\mathcal{F}'$为满足$\mathcal{C}_f$中的约束并最大化可见度且使得$\mathcal{F} \prec \mathcal{F}'$的一个分裂。令$V_{\mathcal{F}}$和$V_{\mathcal{F}'}$分别为关于$\mathcal{F}$和$\mathcal{F}'$的分裂向量。如定理4.6的证明中已经证明的，$\mathcal{F}'$包含一个碎片$V_{\mathcal{F}'}[a_i]$，它是$\mathcal{F}$的两个不同的碎片$V_{\mathcal{F}}[a_i]$和$V_{\mathcal{F}}[a_j]$的并集。然后我们需要证明函数**Fragment**不能终止于两个不同的碎片的并集不违反任何约束的情况。

当引用**BoundedSearchMin**$(\mathcal{F}, dist)$时有，两种不同的情况，就是$dist > 1$或$dist = 1$。在第一种情况，生成$\mathcal{F}'$且调用**BoundedSearchMin**$(\mathcal{F}', dist-1)$。在第二种情况，生成$\mathcal{F}'$且嵌入到$nextqueue$。由于$nextqueue$是一个有序的排列，只有当不多于ps个解的代价比$nextqueue$低时调用**BoundedSearchMin**$(\mathcal{F}', dist)$。但是，如果返回$\mathcal{F}$作为**Fragment**的一个解，则在$nextqueue$中没有一个解的代价比$\mathcal{F}$低，因为对每一个$\mathcal{F}'' \in nextqueue$，调用**BoundedSearchMin**$(\mathcal{F}'')$。这产生了矛盾，因为由引理4.4，$Cost(\mathcal{Q}, \mathcal{F}') \leqslant Cost(\mathcal{Q}, \mathcal{F})$。

因此，由图4.15的函数**Fragment**计算的解$\mathscr{F}$是一个向量最小分裂。

定理 4.13（复杂度） 给定一个约束集$\mathscr{C} = \{c_1, \cdots, c_m\}$，一个属性集$\mathscr{A} = \{a_1, \cdots, a_n\}$与两个参数$d$和$ps$，图4.15的函数**Fragment**$(\mathscr{A}, \mathscr{C}, d, ps)$的时间复杂度为$O(\frac{ps}{d}n^{2d+2}m)$。

证明 在函数**Fragment**中的外部**while**循环中的最大迭代次数是$O(\frac{n}{d})$，因为分裂树由n层组成，而且在每一次迭代，嵌入到$nextqueue$中的解是$nextqueue$中当前的解下的d层。对每一个$\mathscr{F}_p \in currentqueue$，其中$currentqueue$至多包含$ps$个解，递归地调用函数**BoundedSearchMin**$(\mathscr{F}_p, d)$，因为在前一个**while**循环中，它被填补。函数**BoundedSearchMin**，与函数**SearchMin**类似，在d层里面访问以$\mathscr{F}_p$为根的子树的解。因此，在每一次递归调用**BoundedSearchMin**$(\mathscr{F}_p, d)$中创建的解的数量是$O(n^{2d})$，而且每次生成的解都与$\mathscr{C}$中的约束比较。因此，总的时间复杂度是$O(\frac{ps}{d}n^{2d+2}m)$。

4.11 查询执行

一个关系R的分裂说明只有保留原来的关系且满足机密性约束的碎片，才被用于查询执行。碎片可以存储在一个单服务器或者多服务器。然而，存储了碎片的服务器关于机密性不需要是可信的，因为访问单碎片或加密信息不会泄漏任何隐私，它对于碎片上的正确地计算查询是可信的（诚实但好奇）。

没有授权访问原始关系R的用户只有数据的部分视图（partial view），意思是他们只能访问碎片。由一个有部分视图的用户提出的查询可以直接地提交给存储目标碎片的服务器。被授权访问原始关系的内容的用户拥有数据的全视图（full view），并可以提交涉及原始关系模式的查询。由有全视图的用户发起的查询被转换成等价的运行在存储在服务器的加密和分裂数据上的查询。该转换过程由一个可信方执行，该可信方称为查询映射组件，用在每一次需要访问敏感信息的时候（见图4.17）。特别地，查询映射组件接收到一个由用户发起的查询Q并返回查询Q的结果给用户，该用户有全视图和可能用来对服务器计算的查询结果进行解密的密钥k。由于每一个R的物理碎片包含R的所有属性，这些属性或以加密形式，或以明文形式出现，需要访问不超过一个碎片来回应Q。因此查询映射组件将用户的查询Q对应到一个等价的在一个明确的碎片上工作的查询Q_s。服务器在需要的碎片上执行接收到的查询Q_s，并返回结果给查询映射组件。注意，不管什么时候，当查询Q涉及的属性没有以明文形式出现在选择的碎片中时,查询映射组件就需要执行一个附加的在Q_s的解密结果上的查询Q_u,它是负责执行所有不能在物理碎片上计算的条件,或者负责展现在查询Q的SELECT语句中报告的属性。在这种情况下,查询不能解密收到的结果,并在它之上执行查询Q_u,并把Q_u的结果返回给用户。下面我们更详细地介绍查询转换过程。

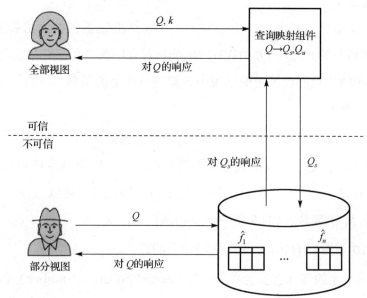

图4.17 用户与存储碎片的服务器之间的交互

考虑形如"$Q=$ SELECT A_Q FROM R WHERE C"的select-from-where SQL查询,其中,A_Q是R的属性子集,C是形如(a op v)或(a_j op a_k)的基本条件$c_1,\cdots,c_n$的连接(conjunction),其中,a,a_j和a_k是R的属性,v是一个常量,op是$\{=,\neq,>,<,\leqslant,\geqslant\}$中的比较运算。下面我们考虑查询$Q$在物理碎片$\hat{F}_i(\underline{salt},enc,a_{i_1},\cdots,a_{i_n})$上的计算,其中,$salt$是原始密钥,$enc$包含加密的属性,$a_{i_1},\cdots,a_{i_n}$是明文属性(见4.3节)。一般地,假设$C$包含一些牵涉以明文形式存储在$\hat{F}_i$的属性的条件和其他一些不能用于在$\hat{F}_i$上计算的条件。查询映射组件将原始查询$Q$转换成一个查询$Q_s$,它在物理碎片上运行且定义为:

SELECT $A_Q \cap \{a_{i_1},\cdots,a_{i_n}\}$, $salt$, enc
FROM $\hat{F}_i$
WHERE $\bigwedge_{c_j \in C_i^e} c_j$

其中,C_i^e是C中能够在物理碎片$\hat{F}_i$上计算的基本条件的集合,即$C_i^e = \{c_j : c_j \in C \wedge attributes(c_j) \in \hat{F}_i\}$,$attributes(c_j)$表示在$c_j$中出现的属性。注意,

只有当原始查询Q的SELECT或WHERE分句涉及没有以明文形式出现在碎片中的属性时，在Q_s的SELECT分句中的$salt$和enc属性才明确提出。然后，查询映射组件解密接收到的元组，且在它们之上执行一个查询Q_u，定义如下：

SELECT A_Q

FROM $Decrypt(Q_s, k)$

WHER $\bigwedge_{c_j \in \{C - C_i^e\}} c_j$

其中，$Decrypt(Q_s, k)$表示一个临时关系，包括由Q_s返回的元组和属性enc通过密钥k已经被解密的元组。Q_u的WHERE分句包含所有定义在没有以明文形式出现在物理碎片中的和只能在解密的结果上计算的属性上的条件。然后，将查询Q_u的最终结果返回给用户。

注意，由于我们只对最小化查询计算代价感兴趣，一个查询优化程序可以用来选择碎片，它允许服务器执行更多选择性查询，因此减少应用软件的工作量和最大化执行的效率[25]。例如，被Q_s利用的物理碎片$\hat{F}_i$可以方便地选择作为最小化$Cost(Q, F_i)$的碎片，如4.9节中定义的那样。

例4.10 看图4.1(a)的关系和图4.2中它的碎片。

● 考虑一个检索社会安全数字SSN（Social Security Number）和Sickness是Latex al.，而且ZIP是94140的病人的名字的查询Q。由于碎片$\hat{F}_3$同时包含Sickness和ZIP，它可以计算在WHERE分句中的两个条件而且被选来查询计算。图4.18给出了从Q到$Q_{s.3}$的转换，由服务器在碎片上执行（记号$Q_{s.x}$表示由服务器在碎片x上执行的一个查询），Q_u由应用软件（application）执行。查询$Q_{s.3}$只返回属于最终结果的元组给应用软件。应用软件只需要解密它们得到属性SSN和Name的值。

● 考虑一个检索社会安全数字SSN和Sickness是Latex al.，ZIP是94140，且Occupation是Nurse的病人的名字的查询Q'。碎片$\hat{F}_3$包含Sickness和ZIP，且$S(Q', \hat{F}_3)$ = 1/6。碎片$\hat{F}_2$只包含Occupation，且$S(Q', \hat{F}_3)$ = 1/3。因此，查询转换方将查询Q'转换成$Q'_{s.3}$和Q'_u，其中$Q'_{s.3}$由服务器在该碎片上执行，Q'_u由应用软件执行（见图4.18）。由于ZIP不是以明文形式出现在碎片$\hat{F}_3$中，应用软件需要计算在它之上的条件，同时，应用软件解密由$Q_{s.3}$计算的结果后得到SSN和Name的值。

注意，查询映射组件可以很容易管理那些WHERE分句中包含否定条件的查询，因为不管什么时候，当能够在一个物理碎片上计算一个基本条件c时，则也能够在同一个物理碎片上计算它的对立面（即NOT(c)）。WHERE分句中包含析取（disjunction）的查询需要特殊考虑。事实上，由OR算子的语义，任何不能在

对 R 的原始查询	对加密碎片的转换
$Q :=$ SELECT SSN, Name FROM Patient WHERE Sickness='Latex al.' AND ZIP='94140'	$Q_{s.3} :=$ SELECT salt, enc FROM $\hat{F}_3$ WHERE Sickness='Latex al.' AND ZIP='94140' $Q_u :=$ SELECT SSN, Name FROM $Decrypt(Q_{s.3}, Key)$
$Q' :=$ SELECT SSN, Name FROM Patient WHERE Sickness='Latex al.' AND ZIP='94140' AND Occupation='Nurse'	$Q'_{s.3} :=$ SELECT salt, enc FROM $\hat{F}_3$ WHERE Sickness='Latex al.' AND ZIP='94140' $Q'_u :=$ SELECT SSN, Name FROM $Decrypt(Q'_{s.3}, Key)$ WHERE Occupation='Nurse'

图4.18 在一个碎片上的查询转换

一个碎片上计算、但又与其他能在该碎片上计算的条件的析取中的那些条件，不能简单地在服务器返回的结果上计算（像合取这种情况那样）。有三种可能的情况：① 查询条件部分可以被换算成一个合取范式，然后查询对应和计算可以同如上所说的合取情况一样继续进行；② 查询条件部分可以被换算成一个析取范式，其中可以在不同的碎片上计算所有的分量，在这种情况下，查询映射组件将请求服务器执行与析取中的分量一样多的查询，然后合并（并集）它们的解；③ 查询条件部分包含一个基本条件（将在析取中与其他条件一起计算）不能在任何碎片上计算（因为它涉及一个敏感的属性或属性出现在两个不同的碎片中），在这种情况下，查询映射组件需要取回整个的碎片（任何碎片都将这样做）并在它的立场上计算查询条件。

4.12 索引

如4.3节介绍的，每一个物理碎片只以明文形式公布一些属性（由分裂支配），但将剩下的属性作为一个加密元组而公布。这显然对两种查询的运行有影响，一种是需要基于以明文形式出现的数据来计算选择性的查询，另一种是需要基于以加密形式出现的数据来计算选择性的查询（见4.11 节）。在加密的数据库方案中，在加密数据上的查询借助于创建在加密属性上的索引：将每一个明文形式的查询转换成一个在索引上的查询，然后解密结果（完全的但可能包含伪造的元组）

并由一个可信客户过滤（见图4.17）。 如第2章讨论的，提出不同种类的索引，每一类都提供了有效性和机密性之间的平衡。我们在这里将这些方法主要分成三类。

- **直接索引（direct index）**。 这类索引是对属性的明文值进行加密[58]。
- **哈希索引（hash index）**。 这类索引是对明文值使用密钥哈希函数（keyed hash function）并限制结果产生碰撞[24]。
- **均匀哈希索引（flattened hash index）**。 这类索引是通过应用一个类哈希索引的带碰撞的密钥哈希函数，但是应用一个后期处理把索引值的分布变均匀（因此来避免异常值（outlier）的泄漏）[45,96]。

在加密数据库的情形中，直接的索引是最有效的，因为在明文值上的条件与编入索引的值的条件有一个一一对应关系； 同时，它们又呈现一个弱点使得它们只适用于受约束的情况。 哈希索引只有在异常值面前或在使用多索引于相同表格的情况下可能制造泄漏问题，其他情况下都能保证机密性。 均匀哈希索引能提供更好的保护。 但是有人可能会想，对于分裂相同的性质可能成立，不幸地，将索引用于碎片（不像加密数据库，它会公布一些明文值）会产生新的弱点。 在这一节，我们简要讨论一下这个弱点，目的是为了确定索引的安全的使用，从而用于我们的情形。 为了简单起见，我们会在讨论中参考一个简单的以一个关系 $R(a_1, a_2)$ 和单个机密性约束 $\{a_1, a_2\}$ 为特征的分裂问题。 然后我们调查一个碎片的泄漏的风险，在这个碎片中，对任何一类上述介绍的索引，a_1 连带地与 a_2 的索引一起以明文形式出现。 这样的结构的一个例子是图4.1(a)的表Patient局限在属性Name和Sickness以及在它们之上的机密性约束（c_2）。 然后我们来看看当属性Sickness的索引被加入到公布Name为明文的碎片（见图4.2(a)）时，该碎片的保护。 图4.19(c~e)公布了在不同索引假设下的编入索引的碎片（indexed fragment）。

知识			索引碎片 $\hat{f}_1$											
Sickness	Name	Sickness	salt	enc	Name	i_{s_1}	salt	enc	Name	i_{s_2}	salt	enc	Name	i_{s_3}
Latex al.	A. Smith	Latex al.	s_1	α	A. Smith	λ	s_1	α	A. Smith	σ	s_1	α	A. Smith	η
Latex al.			s_2	β	B. Jones	λ	s_2	β	B. Jones	σ	s_2	β	B. Jones	η
Latex al.			s_3	γ	C. Taylor	λ	s_3	γ	C. Taylor	σ	s_3	γ	C. Taylor	η
Celiac			s_4	δ	D. Brown	ϕ	s_4	δ	D. Brown	ρ	s_4	δ	D. Brown	μ
Pollen al.			s_5	ϵ	E. Cooper	π	s_5	ϵ	E. Cooper	σ	s_5	ϵ	E. Cooper	μ
Nickel al.			s_6	ζ	F. White	ψ	s_6	ζ	F. White	ρ	s_6	ζ	F. White	μ
(a) vk	(b) hk		(c) di				(d) hi				(e) fhi			

图4.19 攻击者的知识(a,b)和索引的碎片的选择(c,d,e)

为了调查编入索引的碎片的弱点,首先需要确定对敌手可用的知识,敌手的目的是去重构受保护的关系(Name,Sickness)。我们可以分成两类知识:垂直知识(vertical knowledge)和水平知识(horizontal knowledge),特征如下。

- **垂直知识。** 垂直知识是基于这样的事实:不在一个碎片中明显出现的值(为了一个阻止它们与其他值的联系的机密性约束)可能以明文形式出现在其他碎片中。对于敌手,垂直知识不需要任何额外的外部信息,因为,除了属性出现在一个单元约束中的情形,它指信息立即出现在其他可访问的碎片中(见图4.2(c))。对于我们的例子,图4.19(a)公布了垂直知识说明图4.1(a)的Sickness属性的投影。一个观察着该碎片的敌手则可以拥有编入索引的属性的分布(明文值和它们出现的次数)的完备的知识。在例子中,观察者知道有三个病人患了latex allergy。

- **水平知识。** 水平知识是由于敌手可能拥有关于在表中出现的特殊元组(对应于敏感的联系)的外部知识。以最简单的形式,水平知识表示成一个元组(v_1,v_2)的知识。在例子中,敌手可能知道 A. Smith 患有 latex allergy,即(A. Smith,latex al.)属于原始的表R。图4.19(b)公布了这个例子的水平知识。

下面让我们研究在水平知识和垂直知识假设下的编入索引的碎片的泄漏风险[4]。

直接索引,垂直知识(di-vk)。 敏感联系是否被暴露,依赖于源于编入索引的值的出现次数的可区分性。在我们的例子中,对应于 latex allergy 的索引被完全认出来,因为它是唯一一个出现三次的。结果,敌手推断:A. Smith,B. Jones和C. Taylor 患有 latex allergy。对于其他三个病人,敌手能够预测他们患有其他疾病的其中一种,每一种都是等概率的。

直接索引,水平知识(di-hk)。 通过以明文形式出现在编入索引的碎片中的属性(Name)上结合该知识,敌手可以取回对应于编入索引的属性(Sickness)的特殊明文值的索引值λ。这暴露了与敌手有相同索引值的联系。在我们的例子中,联系(A. Smith,latex al.)的知识使得敌手知道λ是latex allergy的索引,因此推断B. Jones 和C. Taylor也患有 latex allergy。

哈希索引,垂直知识(hi-vk)。 哈希索引的使用减少了联系的暴露,因为不同的明文值可能表示成相同的索引值。但是,仍可以辨识有高出现次数的值(异常值)。在例子中,敌手可以推断索引σ指的是latex allergy,因为只有它至少出

---

[4]我们注意到垂直知识的处理与为加密数据库提出的威胁模型严格相似,都假设敌手具有明文数据库的完备知识并且致力于重建明文和索引值之间的对应关系(见文献[24]的情况**Freq+DB^K**)

现3次。然后可以推断4个病人中有3个患有latex allergy（即每个人有latex allergy的概率是0.75）。

哈希索引，水平知识（hi-hk）。 像在直接索引中的情况一样，敌手可以辨别出代表已知明文值的索引值，唯一不同的是索引值也可以对应其他的明文值，则敌手可以推断某些联系没有出现在数据库中（有不同索引值的元组一定没有已知明文值）。与垂直知识一起，允许敌手推断某些敏感的联系（与已知明文值）属于该数据库的概率。在这个例子中，联系（A. Smith,latex al.）的知识使得敌手知道σ是latex allergy的索引。因为latex allergy出现3次，σ出现4次，移除已知的一个，则敌手可以推断B. Jones，C. Taylor和E. Cooper 有0.66的概率患有latex allergy。

均匀哈希索引，垂直知识（fhi-vk）。 均匀索引值的出现次数，使得要基于出现次数建立明文值和索引值之间的对应关系变得不可能。均匀哈希索引对于垂直知识不是脆弱的。

均匀哈希索引，水平知识（fhi-hk）。 像在索引值中的情况一样，敌手可以认出代表已知明文值的索引值。再加上水平知识，这就允许敌手以一个预测它们的联系的概率，去确定也许与已知索引对应的明文值相关联的元组子集。在例子中，联系（A. Smith,latex al.）的知识使得敌手知道η是latex allergy的索引，并因此来推断B. Jones和C. Taylor以1.0的概率患有latex allergy（因为latex allergy只出现三次）。

综上所述，垂直知识和水平知识会制造基于明文值（和相应的索引）的出现次数的推断风险。即使当值是相等分布的，以上所有的索引对于水平知识仍然是脆弱的，允许敌手去推断与已知明文值的联系。容易看出，当值是相等分布的且水平知识是指与编入索引的只出现一次的值的联系时，这样的弱点就可以被阻止。当索引指的是关键属性时，两个条件都必然被满足。因此，不用违背碎片的机密性，我们可以在对应原始关系的候选密钥的属性上应用索引。

通过简单地改进$Cost(\mathcal{Q},\mathcal{F})$函数，可以很容易地把索引结合到我们的代价模型中。对于编入索引的值上的条件，通过考虑索引的选择性，这可以很容易做到。索引对碎片上的代价函数的单调性（引理4.4）没有影响，因此对我们的解的适用性也没有影响。通过参考我们的例子，则在任何以加密形式出现的碎片中（对SSN的所有碎片和那些对Name在图4.2(b)和图4.2(c) 的碎片），我们可以考虑SSN和Name上的直接索引（假设Name是一个候选密钥）。

4.13 实验结果

出现在4.6节，4.8节和4.10节的启发式算法已被当成C方案实施，以获得实验数据，并通过执行时间和返回解的质量来评估它们的行为。为了将我们启发式算法计算的结果与最优的解进行比较，我们同样实现在4.5节的算法的三个版本，分析计算含有最小碎片数、有最大亲和力和有最小代价的分裂的完备解空间，因为这三个函数关于⪯都是单调的。在实验中我们考虑的关系图由19个属性组成，且它的灵感来源于医疗信息数据库。考虑可能的机密性要求，我们表达了多达18个机密性约束。这些约束都是良好定义的（见定义4.2）而且组成这些约束的属性的数量从2变到4（我们不考虑单元约束集，因为它们不能通过分裂来解决）。亲和矩阵用一个伪随机生成函数产生。我们考虑了14个查询，每一个都带有一个频率值。该实验考虑了不同的配置，属性数量从3上升到19。对每一种配置，只考虑完全适合于被选择的属性的限制。对一个含有n个属性的配置，约束的数量在$n-3$到$n+1$之间。由4.12节的分析，实现的系统作为一个选择使用的索引而出现。

图4.20将执行完备搜索算法需要的时间与本章中出现的启发式算法需要的时间进行比较。与最小化碎片数量问题、最大化亲和力问题、最小化代价但仍要满足机密性约束问题是NP困难的事实一致，这三个完备搜索策略需要属性数量的指数级时间。即使对于一个相对最小的属性数量，完备搜索也变得不可行；即使有了很大的计算资源，它仍不可能去考虑很大的配置（在我们的实验中，只有对小于15个属性的关系模式，完备搜索才能运行）。相反的，启发式分析法的执行需要的时间保持比较低。计算向量最小分裂的函数和计算向量最小分裂且最大化亲和力的函数的计算时间接近0。另外，对于最小化代价分裂问题的启发式方法需要的时间，以向前看深度look-ahead depth的增长而呈指数级增长，而以并行步骤的数量的增长呈线性，对于最简单的搜索（$d=1$，$ps=1$）总是呈一个有限时间。因此，拥有可用的一簇启发式方法是很重要的，因此在一个真实的系统中应用一个动态的方法，起初用有效的启发式方法来执行一个搜索，关于可用资源的数量增加深度。把启发式方法应用在一个多核的架构中，其中每个核心可以管理找到的一个选择，并行步骤的数量应该变成一个特别有趣的参数。

显然，如果能将时间有效性与体现出来的能力结合起来产生好的解，一个成功的启发式方法将呈现出一个好的行为。因此我们将由每一个启发式算法计算的解和那些由相应的完备搜索算法返回的解进行了比较。

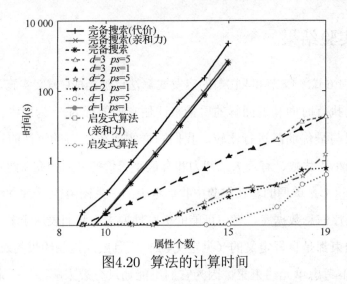

图4.20 算法的计算时间

图4.21展示了由计算向量最小分裂的启发式算法（见4.6节）的执行得到的碎片数量，与由完备搜索函数计算的一个解进行的比较。如图所示，在所有允许比较的情况下，我们的启发式方法总是确定了一个最优解。

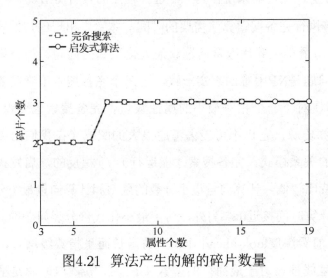

图4.21 算法产生的解的碎片数量

图4.22则比较了由我们的启发式方法（见4.8节）计算的分裂的亲和力与由完备搜索策略产生的最优的亲和力。如图所示，对于所有允许比较的情况，由我们的启发式方法计算的解的亲和力是最接近最优值的：差异的平均值是4.2%，最大的百分比差异围绕在14.1%。

图4.23(a)将我们的启发式方法（见4.10节）在两种配置：（$d=1, ps=1$）和（$d=3, ps=1$）中得到的解的代价与完备搜索策略得到的最优的代价进行比

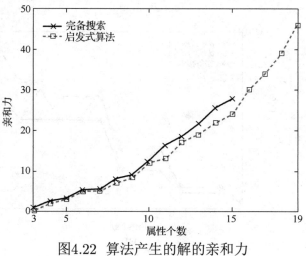

图4.22 算法产生的解的亲和力

较。图片说明即使是最简单的配置（$d=1, ps=1$）也能保证高质量的分裂。图4.23(b)展示了由启发式方法在不同的参数值ps（即1，3或5）和固定值$d=1$上产生的解的代价。使用$ps=5$就足够得到接近最优的分裂。

最后，用实验来评估索引的收益，并且已经证明了（见图4.24）在加密的属性上使用索引能够产生重大的收益。收益很大程度上依赖于关系模式的具体特性和查询轮廓。

4.14 小结

我们提出了一个结合分裂和加密的方法来有效地执行数据集合上的隐私性约束，特别关注了查询的执行效率。为分裂提出的算法考虑了关于系统的信息可用性，目的是为了在分裂的数据上有效地执行查询。

除了技术性的贡献，可以说，本章介绍的思想对于隐私性法则的有效执行和建立迈进了一步。实际上，技术的局限性是不能获得隐私性以及法则无法进行执行的主要原因。在此处展示的研究可以作为，对隐私需求和规定的更细化的要求，以及其实际执行和与现有的ICT架构的隐私要求的更清晰、更直接的整合的基础。

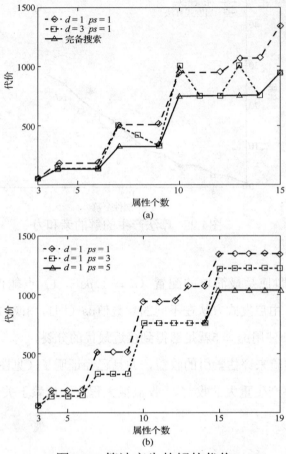

图4.23 算法产生的解的代价

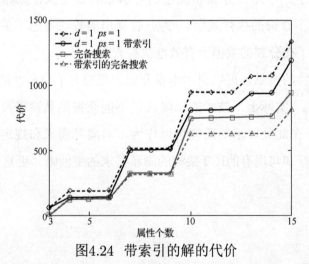

图4.24 带索引的解的代价

第5章 安全的复合权限下的分布式查询处理[1]

或者出于安全的需要或者为了效率,将属于不同实体的信息资源进行集成综合,已经引起了越来越多的关注。实现信息集成的一个关键问题是如何定义这个集成机制,使其正确地服务于数据拥有者的商业政策和经营方针。本章中,我们为一组服务器在一个关系模式的各分量上的访问特权的特性,提出了一个新的模型。我们提出的方法源于以下三个概念:① 灵活地识别部分授权数据的权限(允许权限灵活地适用于部分数据);② 对于要被发布的关系,不是要检验其上的个别授权,而是要判断由它带来的信息泄漏是否是权限所允许的;③ 查询评估所必须的每个基本运算引起的服务器间的数据交换是不同的。图形着色和组合技术可以有效地模拟访问控制,也有助于访问控制的高效实施。

5.1 引言

在大型的分布式系统中,越来越多的新兴应用要求在不同实体间的相互合作,以实现信息共享,共同完成分布式计算,这些参与计算的实体都各自拥有着大量的独立管理的信息。这样的应用包括,从传统的分布式数据库系统到联合系统,从传统的分布式数据库系统到动态联合和虚拟社区。传统的分布式数据库系统中,集中式的数据库设计被分散到不同的物理地址。联合数据库系统中,独立开发的数据库被融合在一起。动态联合和虚拟社区中,相互独立的实体为实现共同目标,

---

[1] 本章的部分内容出现在由S. De Capitani di Vimercati, S. Foresti, S.Jajodia, S. Paraboschi和P. Samarati完成发表在Proc. of the 15th ACM Conference Conference on Computer and Communications Security (CCS 2008), Alexandria, VA, October 2008的论文 "Assessing Query Privileges via Safe and Efficient Permission Composition" [42]中,ⓒ 2008 ACM,Inc.经许可后转载至 http://doi.acm.org/10.1145/1455770.1455810。部分内容出现在由S. De Capitani di Vimercati, S. Foresti, S. Jajodia, S. Paraboschi, P. Samarati完成发表在Proc. of the 28th International Conference on Distributed Computing Systems (ICDCS 2008),Beijing, China, June 2008的论文 "Controlled Information Sharing in Collaborative Distributed Query Processing" [43]中,经ⓒ 2008 IEEE许可后转载。

需要有选择地共享他们的部分信息。除了那些特定的应用，这种融合和共享的一个共同点是可选择性，即如果有共享某些数据以及合作的需求，那么也存在同样强度的保护这些数据的需求，出于各种原因，这些数据是不应该被公开的。

因而正确地定义和管理"保护要求"成为了大型异构分布式系统间高效合作和集成的一个关键之处。这个问题的解决方案必须要尽可能简单地满足各参与实体不同的数据保护需求，并与当前分布式计算的管理机制保持一致，必须在当前系统中是持续整合的，充分利用已有的技术，这些技术都是经过了大量研究和开发所得的成果。为实现上述目标，同时也考虑到具体性，我们在本章将在分布式数据库系统中来研究这个问题，事实上，我们的方法同样可以扩展到其他数据模型中。

在关系数据库中，由于授权可能涉及视图，所以现有的描述和执行授权的方法都要求具有很好的灵活性和表现力。根据数据在数据库模式中的视图的定义，并授予用户在视图上的权限，用户就可以访问指定的数据。用户也有权对视图进行查询。对表（基本关系或视图）进行查询是受权限控制的，只有当表上指定的权限被授予的时候，用户才能执行查询。当用户的类型以及可能的视图是大量且动态的，这样的方法明显地产生了两个限制：① 要为每个可能的访问需求明确地定义一个视图；② 用户/应用必须要了解视图且直接对视图进行查询。文献[71,80～82]对现有授权视图的查询灵活性进行了评估。

我们提出了一个能克服上述缺陷的、有表现力的、灵活的、强大的，同时也是非常简单的方法。我们研究的权限不仅包括指定的已有视图上的特权，还包括了数据库模式中固定分量上的特权，利用它们之间的关系和连接，有效地辨别经过授权被允许访问的指定的数据。我们的方法的另一个重要的方面是，我们研究的权限所针对的数据对象包括关系，也包括数据。我们的方法不仅提供了简单的关系授权控制，还允许用户依据权限访问关系携带的数据信息（这些信息是直接或间接携带的，取决于这些属性与其他数据之间的依赖是否直接公开），只要这些数据信息的公开，依据特定权限是合法的。这是对现有方法的一个根本性的变化，不需要由特定的视图去识别（找到）被授权的数据，而是在权限本身允许显示地指定被授权的数据。

我们的模型还有一个新颖的方面，我们为系统中的用户定义了不同的访问文件，明确地支持查询的协同管理。在分布式系统中这是一个重要的特性，在分布式系统中，最小化数据交换以及在本地执行查询步骤（在本地执行会减少成本）是鉴定实施策略优劣的关键因素。

5.1.1 本章概述

本章余下的部分组织如下: 5.2节介绍了一些与分布式查询求值有关的预备知识。5.3节描述了我们的模型。5.4节举例说明了授权模型各成分（数据库模式、关系文件、权限）的基于图的表示。5.5节描述了一个安全高效的权限组合方法，用于判断一个给定的公开是被授权的还是被否认的。5.6节研究查询规划，并讨论了由权限所规定的保护要求会对权限的执行产生什么影响，以确保数据通过分布式计算被充分地保护起来。5.7节提出了一个算法，用于决定一个与授权有关的查询规划是否能执行，如果可以，则为这个查询规划的实施确定一个安全的任务分配方案，提供给分散的合作方。最后，5.8节是本章的小结。

5.2 预备知识

我们研究的是一个由不同对象组成的分布式系统，记为 $\mathscr{S}$，这些对象中，有些是用于存储不同关系的服务器，记为 $\mathscr{R}$。在这一节，我们会简要地介绍数据模型上的基本概念和假设以及分布式查询执行。

5.2.1 数据模型

本章讨论的关系数据库模型与在3.2节中介绍的一样，该模型的基本组成包括一个关系集合 $\mathscr{R}$ 和一个参照完整性约束集合。每个关系都有一个主关键字。

例5.1 考虑一个管理药物数据的分布式系统，模式如图5.1所示。该系统由四台服务器构成，每台服务器上各存储了一个关系：Employee存储于服务器 S_E，Patient存储于服务器 S_P，Treatment存储于服务器 S_T，Doctor存储于服务器 S_D。带下画线的属性表示是主关键字。系统中有两个参照完整性约束：⟨Treatment.SSN, Patient.SSN⟩，表示治疗只能用于病人，即Treatment中的属性SSN的值只能取自由Patient的属性SSN所定义的值域；⟨Treatment.IdDoc, Doctor.IdDoc⟩，表示治疗只能由医生开具，即Treatment的属性IdDoc的值只能取自由Doctor的属性IdDoc所定义的值域。

不同关系中的数据可以通过连接运算结合在一起，连接运算根据连接条件将属于不同关系的元组结合起来。为简化陈述，我们假设能够做连接的属性在不同的关系中具有相同的属性名，且连接指的都是自然连接，也就是说，连接运算符为等号的连接（等值连接），即比较具有相同属性名的两属性的值。我们用一对$\langle A_l, A_r\rangle$表示一个等值连接条件，其中A_l（A_r）表示"连接"的左（右）操作数的属性列表。尽管可能连接显然包含所有的参照完整性约束，但其他连接也是可能的。在下文中，形如$\langle A_l, A_r\rangle$构成的集合记为$\mathcal{J}$，表示这些额外连接的等值连接条件。例如，图5.1所示各关系中，Employee和Patient可以通过属性SSN连接，得到既是雇员又是病人的人的信息。与关系集合和参照完整性约束集合一样，在数据库设计的时候也会指定可能的连接[49]。

我们假设在不同关系中，那些参与连接的属性使用相同的属性名，其他所有属性的属性名都是不同的。这种同形同音现象背后的直观基础理论，是那些参与连接的属性在现实世界中表示的是同一个概念。例如，SSN表示的是参与了社保的人的编号，这些人也可以以其他身份出现，例如，病人或是雇员。我们用符号"."来区别公共属性在不同关系中的属性名。例如，Employee.SSN表示雇员的社保编号，Patient.SSN表示病人的社保编号。

$\mathcal{R}$	EMPLOYEE(<u>SSN</u>,Job,Salary)
	PATIENT(<u>SSN</u>,DoB,Race)
	TREATMENT(<u>SSN,IdDoc</u>,Type,Cost,Duration)
	DOCTOR(<u>IdDoc</u>,Name,Specialty)
$\mathcal{I}$	$\langle$Treatment.SSN,Patient.SSN$\rangle$
	$\langle$Treatment.IdDoc,Doctor.IdDoc$\rangle$
$\mathcal{J}$	$\langle$Employee.SSN,Patient.SSN$\rangle$

图5.1 关系、参照完整性约束、连接示意图

不同的连接运算可以实现两个以上关系的元组合并。下面我们引入"连接路径"这个概念来表示自然连接条件的一个序列。

定义5.1（连接路径）：一系列关系模式$R_1, \ldots, R_n$上的连接路径是由$n-1$个连接$J_1, \ldots, J_{n-1}$所构成的序列，满足$\forall i = 1, \ldots, n-1$有$J_i = \langle J_{li}, J_{ri}\rangle \in (\mathcal{I} \cup \mathcal{J})$且$J_{li}$是出现在连接$J_k$（$k < i$）中的一个关系的属性。

例5.2 以图5.1中各关系为例，表示两个以上关系连接的一条连接路径是$\{\langle$Patient.SSN,Treatment.SSN$\rangle, \langle$Treatment.IdDoc,Doctor.IdDoc$\rangle\}$，按照这条路径，关系 Treatment, Patient 以及 Doctor 中的元组可以组合起来，得到某一特定种族的病人的主管医生的专业。

我们在下一节中给出的权限模型适用于任何模式，在这一章我们假设模式是无环的且无损的[1,5,9]。无环性说明模式中关系$\{R_1,\ldots,R_n\}$的任何子集上的连接路径是唯一的，记为$joinpath(\{R_1,\ldots,R_n\})$。无环性排除了在相同关系间存在循环的连接条件或是多个相互独立连接条件的模式。在模式图（见5.4节）上检查无向弧，无环性能被立刻判断出来。模式的无损性则确保了关系间的连接只会产生正确的信息（对应于现实世界的）。

直观看来，两个关系产生一个无损连接，如果它们之间的连接没有产生"悬挂（虚假）"的元组。通过属性的交集和函数依赖（见5.4节）就可以判断无损性。无环性和无损性常用于关系数据库，因为它们确保了有关数据的简单高效的进程得以实现，同时也满足了最接近现实世界环境的要求[9]。

5.2.2 分布式查询执行

虽然各关系分布在不同的服务器上，但查询实施可能需要在参与查询的服务器间进行通信和数据交换。我们假设每台服务器都有一个能计算查询的关系引擎，并且能要求对其他服务器执行查询。我们还假设通信是在可信信道中进行且服务器使用强健的认证机制（即使用证书的2路验证的SSL/TLS（SSL/TLS with 2-way authentication using certificates））。

我们讨论简单的$select-from-where$格式的查询"SELECT A FROM $Joined\ relations$ WHERE C"，这个查询等价于关系代数表达式$\pi_A(\sigma_C(R_1 \bowtie \ldots \bowtie R_n))$，其中$A$表示要查找的属性名，$C$是选择条件，$R_1 \bowtie \ldots \bowtie R_n$是FROM子句中多个关系的自然连接。每个查询的执行都可以表示为一棵二叉树（称为查询树规划），其中叶子节点对应该查询访问的物理关系（出现在 FROM 子句中的关系），每个非叶节点表示一个关系运算符，以其子节点的结果为输入，产生另一个关系作为输出，根节点表示最后一个运算并返回查询求值的结果。

为了简化陈述，不失一般性，我们假设查询规划满足通常的最小化准则，特别地，我们假设投影运算时提前执行，以便尽快消除不需要的属性。这个假设不仅可以提高执行效率，它对安全性也同样重要，因为它把可能被泄漏的属性范围限制在了那些计算中非常需要的属性之内。

例5.3 以图5.1中的关系为例，研究下面这个查询。

SELECT E.SSN,Salary,DoB
FROM Employee **AS** E **JOIN** Patient **AS** P **ON** E.SSN=P.SSN
      JOIN Treatment **AS** T **ON** P.SSN=T.SSN
WHERE Duration>10

这个查询等价于关系代数表达式 $\pi_{SSN,Salary,DoB}(\sigma_{Duration>10}(Employee \bowtie Patient \bowtie Treatment))$。图5.2中给出了这个查询的一棵查询树，其中在关系Treatment上的选择运算 Duration > 10 提早执行了（即它先于连接运算执行）。当然，投影运算也是先于连接运算执行的。

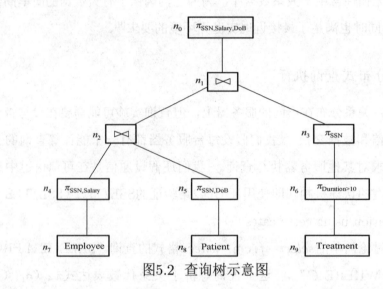

图5.2 查询树示意图

查询可能涉及储存在不同服务器上的关系之间的连接，因此需要服务器间的合作，还有可能的数据交换，才能完成计算。我们提出了一个授权模型来管理各服务器在数据上所拥有的视图，以确保查询只向各服务器透露它有权查看的数据。

我们假设各服务器自主定义对存于其上的资源的访问策略，也负责指定和管理在调用其他服务器的数据时的权限。中央查询优化器负责设计查询规划的结构，处理来自每台服务器的模式和权限。在一些具体的系统中常假设采用中央优化器，其上的分布式数据库则以实现该系统为目标，我们的假设与这种分布式数据库的设计要求是不矛盾的。以某种形式的服务器间的协商协议为基础的纯粹的分布式方法是不现实的。

下文给定一个运算，且该运算涉及存于某服务器的关系，当这个语义在上下文中没有歧义时，我们用 *operand* 项来具体指定这个关系或是存储该关系的服务器。

5.3 安全性模型

在这一节，我们先介绍对权限的定义，定义虽然简单但具有表现力，权限用来控制数据对各服务器的公开。然后引入关系文件概念，用来刻画关系所含的信息内容。

5.3.1 权限

与安全领域中的标准实施一样，我们假设有一个"封闭"原则，即数据只能对那些被明确授权的实体可见。

系统中不同的对象可以被授权查看整个数据库的部分内容。我们用一种简单但有力的方式来研究权限，为对象定义可见性权限，它们就可以根据权限查看某些模式成分。对权限的正式定义如下。

定义5.2（权限） 一个权限 p 是形如 $[Att, Rels] \to S$ 的规则，其中：

- Att 是属性集，这些属性属于一个或多个关系，这个属性集的公开是被授权允许的；
- $Rels$ 是关系的集合，使得对 Att 中的每个属性，$Rels$ 中都存在一个关系包含它；
- S 是 $\mathscr{S}$ 中的一个对象。

权限 $[Att, Rels] \to S$ 说明，$Rels$ 中各关系在条件 $joinpath(Rels)$ 下做连接，对象 S 可以查看该连接的属性集 Att 上的子元组。

注意，根据这个定义，只有属性名（没有指明关系）出现在权限的第一个分量里，而某属性所属的关系（一个或多个）则被指定在第二个分量里。即使当某个属性属于多个关系（在 $Rels$ 中列出）也是如此，权限的这种格式与"某个属性名的多个出现表示的都是现实世界中的同一个实体"这个语义是一致的。

例5.4 图5.3举例说明了Alice对图5.1中各关系的访问权限，Alice拥有下列数据库对象的可见性：

- 所有病人的SSN、出生日期、民族（p_1）；
- 受医治的病人的SSN，以及医治的类型、费用、有效期限（p_2）；
- 病人的民族、主治医生的专业（p_3）；
- 所有雇员的SSN、工作和薪水（p_4）；
- 参与某些治疗的医生姓名（p_5）。

注意，权限中一个关系的出现（因而会执行相应的连接条件）会减小可见元组集合的规模（只保留参与了连接的那些元组）。但是，这种元组的消去并没有减少信息，反而增加了信息，即这些可见的元组确实与参与连接的其他关系的元组结合在一起（这些可见元组中的值出现在了其他关系的元组中）。例如，权限p_5虽然限制Alice只能看到那些负责某治疗的医生的姓名，但它也让Alice知道就是这些医生负责该治疗（即Alice知道这些医生确实也出现在关系Treatment中）。

如果权限中包含一个额外的关系却没有影响结果，也就不会引起间接的信息泄漏，只有当这个额外的关系能够通过参照完整性约束（从外关键字到它关联的主关键字）由$Rels$中的一个表而得到时，这种情形才会出现。例如，图5.3中的权限p_2与权限[(SSN,Type,Cost,Duration),(Treatment,Patient,Doctor)]→Alice是完全等价的，因为两者允许（直接或间接）泄漏的信息是完全相同的。事实上，给定已有的参照完整性约束（见图5.1中的$\mathcal{I}$），Treatment表中所有的SSN和IdDoc也都分别出现在表Patient和Doctor中。所以，增加的连接也是无效的。

p_1:[(SSN,DoB,Race),(Patient)]→ Alice
p_2:[(SSN,Type,Cost,Duration),(Treatment)]→ Alice
p_3:[(Race,Specialty),(Treatment,Patient,Doctor)]→ Alice
p_4:[(SSN,Job,Salary),(Employee)]→ Alice
p_5:[(Name),(Treatment,Doctor)]→ Alice

图5.3 权限示意图

可以看到，上面定义的权限的格式非常简单，它把关系指定为其中单独的一个元素，这种方式很有表现力。特别是，其中的$Rels$分量还可以包含那些属性都不在集合Att中的关系。可能的原因如下：

- 连通性约束，这些关系需要用来连接其他关系中的属性（即这些关系出现在连接路径中）。例如，图5.3中的权限p_3，关系Treatment出现在连接路径中，是为了建立每个病人与其主管医生之间的联系，但Treatment中的属性都没有被泄漏。值得注意的是，这个权限让 Alice 有权查看病人的主管医生的专业，却不知道他们的治疗。

- 基于实例约束，这些关系需要用来限制一些属性，这些属性只能对那些出现在与这些属性相关联的元组的值公开。例如，图5.3中的权限p_5允许Alice查看至少负责一项治疗（即Doctor中满Doctor.IdDoc=Treatment.IdDoc的元组）的所有医生的姓名，但不包括没负责任何治疗的医生的记录。值得注意的是，基于实例约束还可以用于另一种情形，即某些信息只有在输入是显式输入（此时的输入是作为一个要参与连接的关系）的情况下才能被公开。例如，我们可以定义一个权限，使得当提供了employee的SSN时，企业就可以得到这些employee的治疗记录。

5.3.2 关系文件

权限限制了能向系统对象发布的数据（视图）。为了决定是否应该授权一个发布，我们首先需要掌握发布的关系中的信息内容，这个关系可以是基本表，也可以是经查询计算而得的。为此，我们引入关系文件这个概念，正式定义如下。

定义5.3（关系文件） 给定一关系R，R的关系文件是一个三元组$[R^\pi, R^\bowtie, R^\sigma]$，其中：

- R^π是R的属性集（即R的模式）；
- $R^\bowtie$或者是空集，或者是一个基本关系的集合，这些基本关系的连接用于定义/构造R；
- R^σ或者是空集，或者是属性的集合，这些属性都出现在定义/构造R的选择条件中。

根据上述定义，关系$R(a_1,...,a_n)$的关系文件是$[\{a_1,...,a_n\}, R, \emptyset]$。

SELECT子句中的属性会被作为返回结果出现在关联文件中的原因，以及查询条件中的属性（即出现在WHERE子句中的属性）会出现在关联文件中的原因，说明这个查询返回了真实的信息（或者，等价地说，对象需要权限来访问这些属性才能访问某关系）。

我们还注意到，关联文件的格式与权限的格式一样，只有属性名（并没有指明关系）出现在关联文件的第一个分量中，而属性所属的关系（一个或多个）出现在第二个分量里。事实上，如果一个属性属于多个关系（因而它必定参与了连接），那么该属性在所有关系中（不论是不是SELECT子句中指定的关系）的公共值会在查询中被公开，用来消除因属性名而引起的歧义。对属性名的考虑便于我们处理这个问题，而不需要考虑查询语句是怎样写的。以例5.3中的查询为例，由查询返回的社保编号集合就是Patient、Employee以及Treatment的SSN值集合的交集，正如关系文件[(SSN,Salary,DoB),(Employee,Patient,Treatment),(Duration)]所描述的。事实上，一个与例5.3中查询相等但返回的是P.SSN或T.SS的查询，虽然在句法上稍有不同，但携带的信息是完全相同的，因此，会产生相同的查询文件。

根据关系运算符的语义，一个关系运算产生的文件如图5.4[2]所示，其中

- 投影（π）。投影运算返回操作数属性的一个子集。因此，结果关系R的$R^{\bowtie}$，R^{σ}与操作数的一样，但R^{π}仅包含了被投影的属性。
- 选择（σ）。选择运算返回操作数元组的一个子集。因此结果关系R的$R^{\bowtie}$和R^{π}与操作数的一样，但R^{σ}中还需要包含那些出现在选择条件中的属性。
- 连接（$\bowtie$）。连接运算返回一个关系，这个关系包含了操作数元组的连接结果，因此含有所有操作数的信息以及中间连接信息（连接中的条件）。结果关系R的R^{π}，$R^{\bowtie}$，R^{σ}都是这些操作数的并集，文件中隐式地包含了组成$R^{\bowtie}$的各关系间的连接路径$joinpath$（$R^{\bowtie}$），所以也包含了R中每个元组都满足的条件集合。

运算	描述		
	R^{π}	$R^{\bowtie}$	R^{σ}
$R := \pi_A(R_l)$	A	$R_l^{\bowtie}$	R_l^{σ}
$R := \sigma_A(R_l)$	R_l^{π}	$R_l^{\bowtie}$	$R_l^{\sigma} \cup A$
$R := (R_l) \bowtie_j (R_r)$	$R_l^{\pi} \cup R_r^{\pi}$	$R_l^{\bowtie} \cup R_r^{\bowtie}$	$R_l^{\sigma} \cup R_r^{\sigma}$

图5.4 关系文件示意图

5.4 基于图的模型

我们利用既有有向弧又有无向弧的混合图为数据库模式、权限以及查询建立模型。

关系集合$\mathscr{R}$的模式图是一个混合图，图中各节点对应于关系的不同属性，图中的无向弧对应possible（合理）连接（$\mathscr{J}$），图中的有向弧对应参照完整性约束（$\mathscr{I}$）以及关系的主关键字与非主属性之间的函数依赖。多个关系的具有相同属性名的公共属性对应不同的节点。为消除歧义，各节点用形如$relation.attribute$的格式来标记。关系集合的模式图定义如下。

定义5.4（模式图） 给定一个关系集合$\mathscr{R}$以及$\mathscr{R}$上的一个参照完整性约束集合$\mathscr{I}$和一个连接条件集合$\mathscr{J}$。模式图是一个图$G(\mathscr{N}, \mathscr{E})$，其中

- $\mathscr{N} = \{R_i.* : R_i \in \mathscr{R}\}$

---

[2]为了简单起见，对符号有轻微的滥用，在表中我们将表达式$\sigma_{condition}(R)$缩写为$\sigma_A(R)$，其中，A为包含在条件中的R的属性。

- $\mathscr{E} = \mathscr{J} \cup \mathscr{I} \cup \{(R_i.K, R_i.a) : R_i \in \mathscr{R} \wedge a \notin K\}$

图5.5给出了图5.1中的关系集合、完整性约束集合以及连接条件所对应的模式图（为了简化陈述，这里只给出了关系的首字母）。

权限和关系文件相当于关系集合$\mathscr{R}$上的视图，用一对$[A, \mathbb{R}]$来标记，分别对应于权限$[Att, Rels]$和关系R的关系文件$[R^\pi \cup R^\sigma, R^\bowtie]$。

定义5.5（导出的视图） 给定一关系集合$\mathscr{R}$及其上的权限$p = [Att, Rels]$，由p导出的视图$V = [A, \mathbb{R}]$定义为$A = Att, \mathbb{R} = Rels$。给定一关系集合$\mathscr{R}$和一关系文件$[R^\pi, R^\bowtie, R^\sigma]$，由该文件导出的视图$V = [A, \mathbb{R}]$定义为$A = R^\pi \cup R^\sigma, \mathbb{R} = R^\bowtie$。

在对视图的刻画中，我们考虑到这样一个事实：引用完整性约束可以用来扩展$\mathbb{R}$中包含的关系，按照从外关键字到其关联的主关键字的参照完整性关联，所有的能由$\mathbb{R}$中关系得到的其他关系也可以归入$\mathbb{R}$中。我们把这些关系加入到集合$\mathbb{R}$中。给定一关系集合$\mathbb{R}$，$\mathbb{R}^*$表示$\mathbb{R}$的关于参照完整性约束的闭包。例如，图5.5中的模式图，$\mathbb{R} = \{\text{Treatment}\}$的闭包是$\mathbb{R}^* = \{\text{Treatment, Patient, Doctor}\}$。

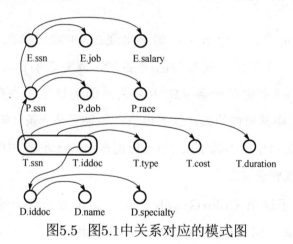

图5.5 图5.1中关系对应的模式图

给定一关系文件/权限，我们把由该文件/权限导出的视图以图的方式描述为视图图（view graph），我们用三种颜色为源模式图着色，从而得到了视图图。黑色表示视图携带的信息（即它显示包含的或间接传递的信息），白色表示属于$\mathbb{R}^*$中关系的所有非黑属性以及连接它们和主关键字的弧，透明色表示其他属性和弧。直观看来，透明色的节点/弧表示的是源图中对权限的组合与计算无效的属性/弧。在视图图中保留它们是为了让每个查询/权限都是模式图的一个着色，而不是子图的着色。视图图的定义如下。

定义5.6（视图图） 给定一关系集合$\mathscr{R}$，其模式图为$G(\mathscr{N},\mathscr{E})$，其上的一个权限/关系文件导出的视图是$V=[A,\mathbb{R}]$，$G$上$V$的视图图是图$G_V(\mathscr{N},\mathscr{E},\lambda_V)$，其中$\lambda_V:\{\mathscr{N}\cup\mathscr{E}\}\to\{黑色,白色,透明色\}$是一个着色函数，定义如下。

$$\lambda_V(n) = \begin{cases} 黑色, & n=R.a, R\in\mathbb{R}^* \wedge a\in A \\ 白色, & n=R.a, R\in\mathbb{R}^* \wedge a\notin A \\ 透明色, & 其他 \end{cases}$$

$$\lambda_V(n_i,n_j) = \begin{cases} 黑色, & (n_i,n_j)\in joinpath(\mathbb{R}^*) \vee (n_i=R.K, n_j=R.a, R\in\mathbb{R}^*, \\ & (a\in A \vee R.a出现在joinpath(\mathbb{R}^*))) \\ 白色, & n_i=R.K, n_j=R.a, R\in\mathbb{R}^*, \\ & \neg(a\in A \vee R.a出现在joinpath(\mathbb{R}^*)) \\ 透明色, & 其他 \end{cases}$$

根据上述定义，一个节点，如果出现在A中就着黑色；如果不是黑色且它属于$\mathbb{R}^*$中的一个关系，就着白色；否则，就着透明色。一条弧，如果它属于$joinpath(\mathbb{R}^*)$或者它是一条从$\mathbb{R}^*$中某关系的关键字出发的，到A中某属性或是$joinpath(\mathbb{R}^*)$中某属性的弧，就着黑色；如果它是一条从$\mathbb{R}^*$中某关系的关键字出发的，到该关系中既不属于A的也不出现在$joinpath(\mathbb{R}^*)$中的某属性的弧，就着白色；否则，就着透明色。

图5.6细述了这个 **ColorGraph** 函数，该函数的两个输入参数分别是模式图G和一对$[A,\mathbb{R}]$，$[A,\mathbb{R}]$是由权限/关系文件导出的视图，该函数的功能是实现定义5.6并返回相应的视图图。**ColorGraph** 函数先将所有的节点和弧初始化为透明色，然后按照定义，继续把它们着上黑色和白色。

COLORGRAPH$(G,[A,\mathbb{R}])$

$\mathscr{N}_V := \mathscr{N}$

$\mathscr{E}_V := \mathscr{E}$

for each $n\in\mathscr{N}_V$ **do** $\lambda_V(n) :=$ 透明色

for each $(n_i,n_j)\in\mathscr{E}_V$ **do** $\lambda_V(n_i,n_j) :=$ 透明色

```
for each R ∈ ℝ* do
  for each a ∈ R.* do /*对节点着色*/
    if a ∈ A then
      λ_V(R.a) := 黑色
    else
      λ_V(R.a) := 白色
for each (n_i, n_j) ∈ joinpath(ℝ*) do /*对连接路径着色*/
  λ_V(n_i, n_j) := 黑色
for each (n_i, n_j) ∈ {(n_i, n_j) : ∃R ∈ ℝ*, n_i = R.K ∧ n_j ⊆ R.*} do
  if λ_V(n_j) = 黑色 ∨ n_j appears in joinpath(ℝ*) then
    λ_V(n_i, n_j) := 黑色
  else
    λ_V(n_i, n_j) := 白色
G_V := (𝒩_V, ℰ_V, λ_V)
return(G_V)
```

图5.6 视图图着色函数

图5.7列出了图5.3中权限所对应的视图图。图5.8给出了几个关系的例子，这些关系都是对模式（图5.5中）进行查询而得到的结果关系。图中描述了对源关系的查询语句、关系文件以及对应的视图图。

在结束这一节之前，我们还要引入视图图之间的两个主导关系，在本章余下的篇幅里需要用到这两个主导关系。

定义5.7 ($\preceq_N, \preceq_{NE}$) 给定一模式图 $G(\mathcal{N}, \mathcal{E})$，以及 G 上的两个视图图 $G_{V_i}(\mathcal{N}, \mathcal{E}, \lambda_{V_i})$ 和 $G_{V_j}(\mathcal{N}, \mathcal{E}, \lambda_{V_j})$，它们之间的支配关系定义如下：

- $G_{V_i} \preceq_N G_{V_j}$，当 $\forall n \in \mathcal{N}$ 且 $\forall (n_h, n_k) \in (\mathcal{J} \cup \mathcal{I})$：
  - $\lambda_{V_i}(n) = $ 黑色 $\Longrightarrow \lambda_{V_j}(n) = $ 黑色，且
  - $\lambda_{G_i}(n_h, n_k) = $ 黑色 $\Longleftrightarrow \lambda_{G_j}(n_h, n_k) = $ 黑色。

- $G_{V_i} \preceq_{NE} G_{V_j}$，当 $\forall n \in \mathcal{N}$ 且 $\forall (n_h, n_k) \in \mathcal{E}$：
  - $\lambda_{V_i}(n) = $ 黑色 $\Longrightarrow \lambda_{V_j}(n) = $ 黑色，且
  - $\lambda_{G_i}(n_h, n_k) = $ 黑色 $\Longrightarrow \lambda_{G_j}(n_h, n_k) = $ 黑色。

根据上述定义，给定同一数据库模式上的两个图G_{V_i}和G_{V_j}，如果它们有完全相同的黑色的参照完整性和连接弧，且G_{V_i}的黑色节点是G_{V_j}的黑色节点集的子集，那么有$G_{V_i} \preceq_N G_{V_j}$。如果$G_{V_i}$的黑色节点和黑色弧分别是$G_{V_j}$的黑色节点集和黑色弧的子集，那么有$G_{V_i} \preceq_{NE} G_{V_j}$。例如，图5.7和图5.8中的视图图，显然有$G_{p_3} \preceq_N G_{Q_3}, G_{p_1} \preceq_{NE} G_{Q_2}$。

5.5 授权的视图

为了依据某对象的权限来判断他提出的查询，并确定该查询是否能执行，我们遵照下面的这个直观概念。

原则5.1 一个关系（或者是基本关系，又或者是经查询计算得到的关系）可以泄漏给一个对象，如果该对象有权查看该关系携带的信息内容。

首先，我们讨论一个权限在什么情况下可以授权公开一个关系。然后，我们再处理查询计算中的权限组合以及合作。

在本节余下的部分，我们的讨论只涉及某特定对象的权限和关系文件，为了简化陈述，我们省略了权限的正式定义中的对象分量。

5.5.1 授权权限

直观看来，一个权限授权了一个公开，当且仅当由关系文件导出的信息（直接的或是间接的）是该权限授权允许查看的所有信息的子集。注意，我们不应该理解成这个关系只包含那些经权限授权允许查看的数据的子集，因为这样的子集只是直接被公开的信息。一个正确的实施应该确保不发生任何间接的泄漏。间接泄漏有两个主要的来源：

- 在生成该关系的查询语句中，出现在条件中的那些不需要作为返回结果的属性（即出现在 WHERE 子句中但不在 SELECT 子句中的属性）；
- 出现在那些用于约束查询返回的元组的连接条件中。

第一个方面很容易把握，因为它已经被包含在关系文件（定义5.3）的分量R^σ中，而R^σ又包含在了导出视图（定义5.5）的分量A中。为了说明第二个方面，我们以图5.7中的权限p_1为例，p_1允许 Alice 查看 Patient 的全部信息，因而她有权查看全部元组。权限p_1本身就足够授予Alice权限去查看所有病人的信息（即 SELECT P.SSN, DoB FROM Patient AS P WHERE Race= 'asian'）。假设

Alice感兴趣的是图5.8中查询Q_2返回的结果关系。Q_2返回的是Patient表中所有元组的一个子集,因而按照权限p_1,Alice只能查看这个子集。但是,权限p_1还不足以授权Alice对查询返回数据的可见性,因为Q_2的结果包含了额外的信息,它返回的元组涉及的病人同时也都是某公司的雇员(这些关于雇员的信息是权限p_1不能授权的)。

正如5.4节中提到的,连接运算不会增加额外的信息的唯一情形是,当涉及的各关系间存在参照完整性约束时。例如,权限p_2授权允许公开Treatment中的不同属性,查询语句"SELECT T.SSN FROM Treatment AS T"就是被p_2授权允许执行的。现在来看另一个查询语句,在FROM子句中也包含了Patient和Doctor作为连接。尽管出现了额外的连接条件,这个查询语句并没有带来额外的信息(间接被泄漏的),因而也应该是被授权允许执行的。事实上,因为这3个关系间的参照完整性约束,Treatment中的所有的SSN值和IdDoc值分别出现在了Patient和Doctor中,因此,3个关系的连接并没有加新的约束。考虑连接的独特性是因为参照完整性约束时很容易被注意到,因为由from子句中的各关系按照参照完整性约束所得到的关系,在视图图中都会被着色(定义5.6)。

接下来,我们正式定义权限在什么情况下能授权公开一个关系。首先是辨别适用于关系文件的权限。直观来说,当一权限涉及了一个关系的元组的完整集时,我们就说该权限适用于该关系。因为元组的约束是因为连接而不是从外关键字到其关联关键字的参照完整性约束,也就是说,如果一个权限没有包含额外的连接(除了表示参照完整性约束的连接以外的连接),就说该权限适用于一关系文件。

定义5.8(适用性) 一个权限$[Att, Rels]$适用于一个关系文件$[R^\pi, R^\bowtie, R^\sigma]$当且仅当$Rels^* \subseteq R^{\bowtie *}$。

从视图图的角度来看,这个定义等价于,权限p的视图图G_p中的黑色和白色节点应该是关系文件R的视图图G_R中黑色和白色节点的子集。

根据上述讨论,一个权限授权允许公开一个关系当且仅当该权限适用于该关系文件,且授权允许公开(直接或间接的)文件中的信息。也就是说,权限应该包含(至少)组成关系的全部属性,或者是访问其定义/计算以及连接条件所需的属性。从视图图的角度来看,也就等价于,关系文件的视图图G_R与权限的视图图G_p有完全相同的黑色的参照完整性弧和连接弧,且G_R中所有黑色的节点在G_p中也是黑色的,即$G_R \preceq_N G_p$。

定义5.9（授权权限） 给定一权限$p = [Att, Rels]$适用于关系文件$R = [R^\pi, R^\bowtie, R^\sigma]$，$p$授权公开$R$当且仅当$G_R \preceq_N G_p$。

我们可以来看看图5.7中的权限和图5.8中查询Q_2返回的结果关系，可用的权限集合中包括了权限p_1和p_4。然而，p_1和p_4都不能授权公开Q_2的结果。相反，若给定查询语句"SELECT P.SSN,DoB FROM Patient AS P WHERE Race='asian'"以及文件[(SSN,DoB),(Patient),(Race)]，权限p_1是唯一可用的，能授权允许执行这个查询的权限。

5.5.2 权限的组合

对原则5.1的一个正确实施来说，对照单个权限检验关系文件是不够的。事实上，也有可能是这样一种情形：对于一个关系文件，没有一个权限能不可思议地授权公开这个关系，但由关系文件引起的信息泄漏（直接或间接）却是被允许的。例如，参考图5.3中的权限p_1和p_4，假设Alice要求执行图5.8中的查询Q_2。返回的病人记录的SSN也出现在关系Employee中。虽然p_1和p_4都不能授权允许公开结果关系文件（因为，结果关系文件中包含了单个权限所不能允许的额外的连接条件），但很明显，返回的结果中不包含任何Alice不可见的信息。事实上，Alice可以分开查询两个关系，再对结果做连接。根据原则5.1，对Alice公开查询Q_2的结果是被允许的。为实施原则5.1，我们将权限组合，且当存在一个组合的权限能授权允许公开某关系时，我们也认为该关系的公开是允许的。

但是，权限的组合必须要谨慎执行，以确保组合的权限不能授权那些不被任何一个原权限授权的额外的查询。为说明这一点，我们考虑图5.7中的权限，并假设Alice想知道查询Q_3返回的结果。有人可能会认为可以把图5.7中的权限p_1（授权公开SSN的值和Race的值）和p_3（授权公开病人的Race及其主管医生的专业）组合起来。但是，这样的一个组合并不能授权允许公开Q_3返回的结果。事实上，结果关系文件中包含了病人与其主管医生之间的关联，而这个关联是单个权限无法授权的，而且Alice分别利用两个权限允许的特权也无法重构这个关联。这种情况的主要问题是两个权限的组合返回的信息多于两个权限独立导出的信息和。在这种情况下，两个权限是不能组合的。我们给出了一个权限组合函数（见图5.9）。

为了确定在什么情况下权限可以组合，我们利用了关系数据库连接理论的基本结果之一，文献[5]中相关定理指出，两个关系产生一个无损连接当且仅当两个关系中至少有一个关系函数依赖于两关系属性的交集。该定理中的关系相当于属性

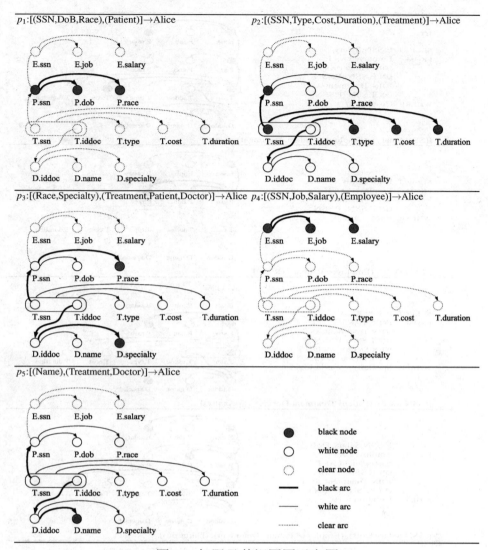

图5.7 权限及其视图图示意图

集上的投影，这个属性集刻画了"全局关系"，而这个全局关系是我们的无损无环模式中所有关系做连接的结果，这就是说，每个权限对应于一个关系，且权限的组合是正确的当且仅当上述要求是成立的。例如，参考之前的例子以及图5.7中的权限。权限p_1和p_4是可以组合的，因为它们的交集是属性SSN，而SSN是p_1中所有属性的关键字，也是p_4中所有属性的关键字。权限p_1和p_3是不能组合的，因为它们的交集是属性 Race，p_1和p_3都不函数依赖于它。

在我们研究的情境里，连接理论的这个基本结果的应用有点复杂，因为给定权限的视图可能包含不同关系的属性。（注意，权限交集的计算仅仅是对属性名的计算，不需要考虑属性归属的关系，因为属性名相同的属性表示的是真实世界中

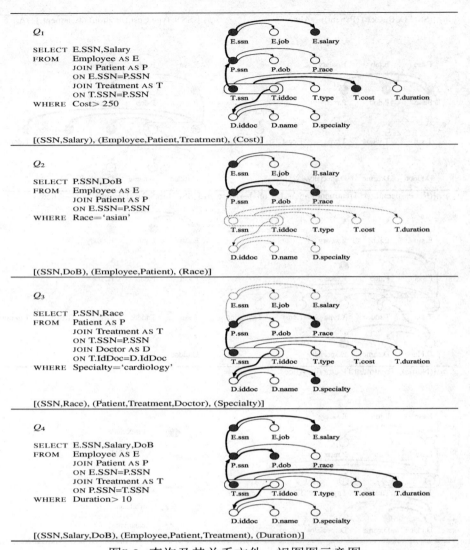

图5.8 查询及其关系文件、视图图示意图

的同一个概念,且自然连接使得它们在所有结果元组中的值是相等的。) 给定两权限 $p_i = [Att_i, Rels_i]$ 和 $p_j = [Att_j, Rels_j]$,它们的可组合性依赖于它们可见属性的交集(即 $Att_i \cap Att_j$),但 Att_i(或者 Att_j)对公共属性 $Att_i \cap Att_j$ 的函数依赖的计算还需要考虑参照完整性约束。通过分析两权限对应的视图图 G_{p_i} 和 G_{p_j} 可以描述这个问题。基本的想法就是,当有一条从 $Att_i \cap Att_j$ 中节点到 G_{p_i}(或 G_{p_j})中所有黑色节点的黑色路径时,p_i 和 p_j 间就存在依赖。依赖性的这个直观定义描述如下。

定义5.10(依赖性) 给定两权限 $p_i = [Att_i, Rels_i]$ 和 $p_j = [Att_j, Rels_j]$ 以及视图图 $G_{p_i}(\mathcal{N}, \mathcal{E}, \lambda_{p_i})$ 和 $G_{p_j}(\mathcal{N}, \mathcal{E}, \lambda_{p_j})$。令 B_j 是 G_{p_j} 中的节点集合,对应于属

性集合$\{Att_i \cap Att_j\}$。我们称p_j依赖于p_i,记为$p_i \rightarrow p_j$,当且仅当$\forall n_j \in \mathcal{N}$满足$\lambda_{p_j}(n_j) = $黑色,$\exists n \in B_j$,使得从$n$到$G_{p_j}$中节点$n_j$只存在黑色的有向弧。

在下文中,符号$p_i \leftrightarrow p_j$表示$p_i \rightarrow p_j$和$p_j \rightarrow p_i$都成立。类似地,$p_i \not\leftrightarrow p_j$表示$p_i \rightarrow p_j$和$p_j \rightarrow p_i$都不成立。

例如,图5.7中的权限,正如上文已经分析过的$p_2 \rightarrow p_1$,因为公共属性SSN关系Patient的关键字,且p_1授权允许公开Patient。但$p_1 \not\rightarrow p_2$,因为由p_2公开的属性依赖于属性对(SSN, IdDoc)。另外,也有$p_1 \leftrightarrow p_4$,因为两权限的公共属性SSN既是Patient也是Employee的关键字。对比之下,正如上文指出的,我们也有$p_1 \not\leftrightarrow p_3$。

如果$p_i \rightarrow p_j$和$p_j \rightarrow p_i$中至少有一个成立,则这两个权限可以安全组合。

定义5.11(安全组合) 给定两权限$p_i = [Att_i, Rels_i]$和$p_j = [Att_j, Rels_j]$,p_i和p_j是可以安全组合的,当$p_i \rightarrow p_j$或者$p_j \rightarrow p_i$,又或者两者都成立时。

例如,p_1与p_2是可以安全组合的,因为$p_2 \rightarrow p_1$。因为$p_1 \leftrightarrow p_4$,p_1也可以与p_4安全组合。

COMPOSE(G, p_i, p_j)

$p := [Att_i \cup Att_j, Rels_i \cup Rels_j]$

$\mathcal{N}_p := \mathcal{N}$

$\mathcal{E}_p := \mathcal{E}$

for each $n \in \mathcal{N}_p$ **do** $\lambda_V(n) :=$ 透明色

for each $(n_i, n_j) \in \mathcal{E}_p$ **do** $\lambda_V(n_i, n_j) :=$ 透明色

for each $n \in \mathcal{N}_p$ **do**

  if $\lambda_{p_i}(n) = $ 黑色 $\vee \lambda_{p_j}(n) = $ 黑色 **then**

    $\lambda_p(n) = $ 黑色

  else

    if $\lambda_{p_i}(n) = $ 白色 $\vee \lambda_{p_j}(n) = $ 白色 **then**

      $\lambda_p(n) = $ 白色

for each $(n_h, n_k) \in \mathcal{E}_p$ **do**

  if $\lambda_{p_i}(n_h, n_k) = $ 黑色 $\vee \lambda_{p_j}(n_h, n_k) = $ 黑色 $\vee (\lambda_p(n_h) = $ 黑色 $\wedge \lambda_p(n_k) = $ 黑色$)$ **then**

    $\lambda_p(n_h, n_k) = $ 黑色

  else

$\quad$ **if** $\lambda_{p_i}(n_h, n_k) = 白色 \vee \lambda_{p_j}(n_h, n_k) = 白色$ **then**
$\quad\quad \lambda_p(n_h, n_k) = 白色$
return(p)

图5.9 权限组合函数

类似于关系数据库标准型理论中提出的关系的组合，权限p_i和p_j的组合生成一个新的权限，新权限合并了p_i和p_j的可见性特权，如下面的定义所述。

定义5.12（复合权限） 给定两权限$p_i = [Att_i, Rels_i]$和$p_j = [Att_j, Rels_j]$，它们的组合是一个新的权限$p_i \otimes p_j = [Att_i \cup Att_j, Rels_i \cup Rels_j]$。

显然，复合权限$p_i \otimes p_j$的视图图是由组成它的两成分的视图图得到的。$G_{p_i \otimes p_j}$中的一个节点：它是黑色的，如果它在G_{p_i}或G_{p_j}中是黑色的；它是白色的，如果它不是黑色的且在G_{p_i}或G_{p_j}中是白色的；否则，它是透明色的。$G_{p_i \otimes p_j}$中的一条弧：它是黑色的，如果它在G_{p_i}或G_{p_j}中是黑色的，又或者它只发生在$G_{p_i \otimes p_j}$的黑色节点上；它是白色的，如果它不是黑色的且在G_{p_i}或G_{p_j}中是白色的；否则，它是透明色的。图5.10描述了图5.7中权限p_1, p_2, p_4构成的三个复合权限$p_1 \otimes p_2, p_1 \otimes p_4, p_1 \otimes p_2 \otimes p_4$的视图图。

由权限p_i和p_j组合而来的权限$p_i \otimes p_j$还可以与另一个既不能与p_i组合也不能与p_j组合的权限p_k再组合。一般来说，每个新的权限都会带来新的组合机会，这是必须要考虑到的。下面的定义为所有可能的组合建立了模型。

定义5.13（组合闭包） 给定一权限集合$\mathscr{P}$，$\mathscr{P}$的组合上的闭包是一个权限集合，记为$\mathscr{P}^\otimes$，它包含$\mathscr{P}$中的基本权限以及由这些权限安全组合而得到的新权限。

例如，图5.7中的权限集合，它们的闭包是$\mathscr{P}^\otimes = \{p_1, p_2, p_3, p_4, p_5, p_1 \otimes p_2, p_1 \otimes p_4, p_2 \otimes p_4, p_1 \otimes p_2 \otimes p_4\}$。

"闭包"适用于某对象的权限的最大集合。闭包这个概念为判别"对某对象来说，一个指定的关系文件是否是可公开的"提供了一个完整的依据。

定义5.14（授权的发布） 给定一适用于关系文件$[R^\pi, R^\bowtie, R^\sigma]$的权限集合$\mathscr{P}$，$\mathscr{P}$授权公开$R$当且仅当$\exists p \in \mathscr{P}^\otimes$，满足$p$授权可公开$R$（根据定义5.9）。

权限组合的闭包计算是一个潜在的代价高的过程。我们在下文中提出了高效的算法，避免了计算闭包中的全部权限，但确保了当一个公开被授权时所需的控制的完整性。

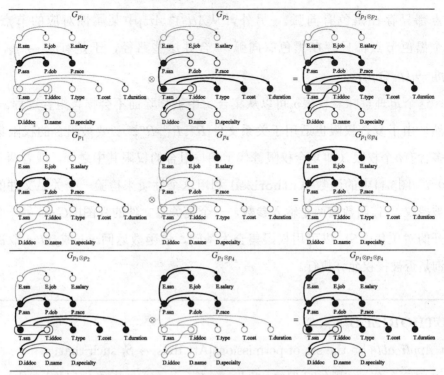

图5.10 权限组合示意图

5.5.3 算法

给定对象S的适用于关系文件$[R^\pi, R^\bowtie, R^\sigma]$的$n$个权限构成的集合$\mathscr{P}$，对授权的公开的控制不需要计算所有可能的$2^n - 1$种权限组合，因为给定两权限$p_i$和$p_j$，如果$p_j \to p_i$，则$p_j$是被$p_i \otimes p_j$包含的，且当权限$p_k$可与$p_j$组合的时候，$p_k$也可以与$p_i \otimes p_j$组合。

定理5.1（权限蕴涵） 给定两权限$p_i = [Att_i, Rels_i]$和$p_j = [Att_j, Rels_j] \in \mathscr{P}$满足$p_j \to p_i$，$\forall p_k = [Att_k, Rels_k] \in \mathscr{P}$：

- $p_j \to p_k \Rightarrow (p_i \otimes p_j) \to p_k$；
- $p_k \to p_j \Rightarrow p_k \to (p_i \otimes p_j)$。

证明 分别讨论以上两种情况。

- 令$p_i \otimes p_j = [Att_{i,j}, Rels_{i,j}]$，$Att_j \cap Att_k$中的属性也会出现在$Att_{i,j}$和$Att_k$的交集中。因此，从$Att_j \cap Att_k$中某属性对应的节点到$G_{p_k}$中每个黑色节点都只存在黑色的有向弧。

- 由$p_k \to p_j$可知，从$Att_j \cap Att_k$中某属性对应的节点到G_{p_j}中每个黑色

节点都只存在黑色有向弧。 另外，从$Att_i \cap Att_j$中某属性对应的节点到G_{p_i}中每个黑色节点都只存在黑色有向弧。 合并这些路径，于是有$p_k \to p_i$，因此，有$p_k \to (p_i \otimes p_j)$。

这个定理意味着权限p_j可以从集合$\mathscr{P}$中被移除而不会损害组合过程。 而且，显然，由于复合权限也适用于关系文件$[R^\pi, R^\bowtie, R^\sigma]$， 要被组合的权限集合通常最多含有$n$个权限（即复合权限替代了参与组合的权限其中之一，或者两个都被替代）。 图5.11中的函数 **Authorized** 利用这个性质来检验一个关系文件的公开是否被授权。 该函数有两个输入参数，一个是关系文件的视图图G_R，另一个是请求公开的对象集合S；以可用权限集合为基础，该函数返回$true$或$false$ 取决于这个查询是否被授权允许执行。

AUTHORIZED(G_R, S)

Let *Applicable* be the set of permissions$[\text{Att},\text{Rels}] \to S_i$ such that:
$\{n \in \mathscr{N}_p : \lambda_p(n) = 黑色 \vee 白色\} \subseteq \{n \in \mathscr{N}_R : \lambda_R(n) = 黑色 \vee 白色\} \wedge S_i = S$
/*检查个人授权*/

for each $p \in$ *Applicable* **do**

  if $G_R \preceq_N G_p$ **then return**($true$)

/*合成授权*/

$maxid := |Applicable|$

$counter := 1$

for each $p \in$ *Applicable* **do**

  $p.id := counter$

  $p.maxcfr := counter$

  $counter := counter + 1$

$idmin_i := 1$

repeat

  Let p_i be the permission with $p_i.id = idmin_i$

  $idmin_j := \mathbf{Min}(\{p.id : p \in Applicable \wedge p_i.maxcfr < p.id\})$

  Let p_j be the permission with $p_j.id = idmin_j$

  $dominated :=$ NULL

  if $(G_{p_i} \npreceq_{NE} G_{p_j}) \wedge (G_{p_j} \npreceq_{NE} G_{p_i})$**then**

$\quad$ if $p_j \to p_i$ then $dominated := domminated \cup \{p_j\}$

$\quad$ if $p_i \to p_j$ then $dominated := domminated \cup \{p_i\}$

$p_i.maxcfr := p_j.id$

if $dominated \neq$ NULL then

$maxid := maxid + 1$

$p_{maxid} :=$ **Compose**(G, p_i, p_j)

$p_{maxid}.id := maxid$

$p_{maxid}.maxcfr := maxid$

$Applicable := Applicable - dominated \cup \{p_{maxid}\}$

$idmin_i :=$ **Min**$(\{p.id : p \in Applicable \wedge p.maxcfr < maxid\})$

until $idmin_i =$ NULL

/*检查得到的授权*/

for each $p \in Applicable$ do

$\quad$ if $G_R \preceq_N G_p$ then return$(true)$

return$(false)$

图5.11 关系授权检验函数

首先，函数 **Authorized** 决定了可用权限集$Applicable$，并检验这些权限之中是否有一个权限主导$(\preceq_N)G_R$。如果存在这样一个权限，函数 **Authorized** 返回$true$。否则，函数开始执行一个组合过程，利用定理5.1，如果$p_j \to p_i$则权限p_i会从集合$Applicable$中被移除。可用权限首先按照标识符id排序，id的取值范围从1到$|Applicable|$，这个标识符与每个权限关联。在 **repeat until** 循环中，每个权限p_i都会与一个权限p_j做比较使得$p_i.id < p_j.id$。如果G_{p_i}的黑色节点和黑色弧的集合不是G_{p_j}的黑色节点和黑色弧集合的子集（即$G_{p_i} \npreceq_{NE} G_{p_j}$，也就是说，在之前的循环中，$p_i$还没有被计算过，也即$p_i$还没有与其他权限组合过）反之亦然，函数 **Authorized** 检验p_i和p_j是否可以组合（即$p_j \to p_i$或$p_i \to p_j$）。如果p_i和p_j可以组合，则复合权限的标识符（如果存在的话）会在当前最大标识符值（$maxid$）的基础上增1。每个权限p也与一个变量$p.maxcfr$关联，用于追踪与p比较的那些权限中的最高标识符值。使用这个变量可避免重复检验同一对权限。当所有权限的$maxcfr$都等于最高标识符值$maxid$时，组合过程终止。然后函数检

验在集合 *Applicable* 中是否存在一个权限主导($\preceq_N$)G_R。如果存在这样的一个权限，函数 **Authorized** 返回 $true$，否则函数返回 $false$。

例5.5 考虑图5.5中的关系模式、图5.7中的权限以及图5.8中查询Q_1返回的结果关系R_1。由视图图可知，所有的5个权限都适用于R_1的文件。图5.12给出了函数 **Authorized** 在G_{Q_1}上的每一步的执行情况，表中列出了源权限和复合权限的$p.maxcfr$的变化。

id	1	2	3	4	5	6	7	8
	p_1	p_2	p_3	p_4	p_5			
initialization	1	2	3	4	5			
$p_2 \to p_1$	*1*	*2*	3	4	5	$p_1 \otimes p_2$		
$p_1 \leftrightarrow p_3$	*2*		*3*	4	5	6		
$p_1 \leftrightarrow p_4$	*3*		3	*4*	5	6	$p_1 \otimes p_4$	
$p_3 \leftrightarrow p_5$			*3*		*5*	6	7	
$p_3 \leftrightarrow (p_1 \otimes p_2)$			*5*		5	*6*	7	
$p_5 \leftrightarrow (p_1 \otimes p_2)$			6		*5*	*6*	7	
$p_3 \leftrightarrow (p_1 \otimes p_4)$			*6*		6	6	*7*	
$p_5 \leftrightarrow (p_1 \otimes p_4)$			7		*6*	6	*7*	
$(p_1 \otimes p_2) \to (p_1 \otimes p_4)$			7		7	*6*	*7*	$p_1 \otimes p_2 \otimes p_4$
$p_3 \to (p_1 \otimes p_2 \otimes p_4)$			*7*		7		7	8
$p_5 \to (p_1 \otimes p_2 \otimes p_4)$					*7*		7	8
$G_{p_1 \otimes p_4} \preceq_{NE} G_{p_1 \otimes P_2 \otimes p_4}$					8		*7*	8
					8		8	8

图5.12 函数**Authorized**执行示意图

表中每一列对应一个权限，该权限的标识符就是该列的标号。注意，当一个权限从*Applicable*中被移除时，该权限的$maxcfr$不再出现在表中。表中每一行表示 **repeat until** 的一次循环，列出了权限组合过程中的依赖关系以及所有权限的$maxcfr$。而且，每一行中被检验的权限（检验是否能组合）的$maxcfr$都用斜体显示。当一个权限从*Applicable*中被移除时（因为被新增的复合权限代替），该权限的$maxcfr$不再出现在表中。图5.10给出了复合权限的视图图。于是我们可知，查询Q_1的结果关系对Alice是可见的，因为复合权限$p_1 \otimes p_2 \otimes p_4$授权允许对Alice公开。

下面的定理证明了函数**Authorized**的正确性以及复杂度。

定理5.2（正确性） 给定一关系文件$R = [R^\pi, R^\bowtie, R^\sigma]$以及一可用权限集合$Applicable$，函数**Authorized**终止并返回$true$当且仅当$Applicable^\otimes$授权允许公开$R$。

证明 终止。所有的**for**循环是终止的，因为$Applicable$（由定理5.1）至多含有n个权限。在 **repeat until** 循环的每次迭代中，函数**Authorized**要计算一对权限$\langle p_i, p_j \rangle$是否满足$p_i.maxcfr < p_j.id$。有两种情况会出现：p_i和p_j不能复合，或者p_i和p_j能复合（不失一般性，我们假设$p_j \to p_i$）。如果p_i和p_j不能复合，p_i和p_j在随后的循环中不再被检验，因为$p_i.id$和$p_j.id$没有发生变化，且值$p_i.maxcfr$被置为$p_j.id$。如果p_i和p_j能复合，p_i将会从$Applicable$中被移除，而复合权限$p = p_i \otimes p_j$则会被添加到$Applicable$中。因为$p_j \preceq_{NE} p$，在随后的迭代中，当p_j和p被比较时，不会产生新的权限。因为每个可能的组合只被检验一次，而可能的组合的数量是有限的，**repeat until** 循环终止。

正确性。如果存在一个权限$p \in Applicable^\otimes$授权允许公开R，会有两种情况：$p \in Applicable$或者p是复合权限。如果$p \in Applicable$，函数**Authorized**返回$true$，因为第一个**for**循环对$Applicable$中所有权限进行了迭代。如果p是复合权限，**repeat until** 循环去掉了$Applicable$中冗余的权限（见定理5.1）并检验$Applicable$中所有非冗余的权限对。当$Applicable$中所有的权限p都满足$p.maxcfr = maxid$时，**repeat until** 循环终止。因为$p.maxcfr$初始化为$p.id$且更新为满足$p.maxcfr < p_i.id$的最小的$p_i.id$，随后每个权限按照id的次序与其他权限进行比较。另外，每个新权限p_i的$maxid$增1，且$p_j.id$置为新的$maxid$值。因为，对$Applicable$中除了p_i以外的每个权限p，$p.maxcfr$都大于$p_j.id$，随后的**repeat until** 循环迭代过程检验的是新权限与$Applicable$中其他权限。这说明**repeat until**循环检验了所有可能的权限对，从而找到能授权允许公开R的那个权限。

还要注意的是，如果一个从$Applicable$被移除（因为$p_j \to p_i$）的权限p_i授权了R，则复合权限$p_j \otimes p_i = [Att_{ij}, Rels_{ij}]$属于$Applicable$且也授权允许公开$R$。事实上，$Att_{ij} = (Att_i \cup Att_j) \supset (R^\pi \cup R^\sigma)$且$Rels_{ij}^* = Rels_i^* = R^{\bowtie *}$。

定理5.3（复杂度） 给定一关系文件$R = [R^\pi, R^\bowtie, R^\sigma]$和一个含有$n$个可用权限

的集合 Applicable，函数 **Authorized** 的时间复杂度是 $O(n^3)$。

证明 函数 **Authorized** 把 Applicable 中每个权限与剩余的每个权限进行比较，以验证它们是否可以复合。任何 $p_i \to p_j$，p_i 都会被移除，而 $p_i \otimes p_j$ 则被添加到 Applicable 中。由于权限间的次序，每对权限的比较都只进行一次，每个权限至多与 $n-1$ 个权限比较，生成至多 n 个复合权限。因此该函数至多做 n^3 次比较。

5.6 安全查询规划

为确定一个查询是否能在分布式系统上执行，以及如何执行，我们首先要确定执行查询的过程中带来的数据泄漏，以确保只执行与被允许公开的数据有关的查询。因为我们可以假设每台服务器都有权查看存储于其上的关系，每个单目运算（投影和选择）可以由服务器独立执行，当所有参与通信的数据都是允许公开的数据时，才能进行连接运算。

图5.13中的表总结了执行一个关系运算所需的运算和数据交换，表中列出了每次数据通信中被交换的关系文件（因而也间接暴露了其中包含的信息），服务器对其上关系的数据访问也隐含于表中。图5.13中，在符号 ":" 之前，还列出了负责执行每个运算/通信的服务器。对于连接运算来说，一个自然连接运算 $R_l \bowtie R_r$ 既可以常规连接方式执行，也可以半连接方式执行，其中 R_l 和 R_r 分别表示左右两个输入关系。我们把负责执行连接的服务器称为 master，计算期间与 master 合作的服务器则称为 slave。我们按照连接运算的执行方式（普通连接或是半连接）以及哪台服务器作 master（或 slave）分四种情况来讨论。这个 assignment 包含两个操作数，第一个操作数指的是作为 master 的服务器，第二个操作数指的是作为 slave 的服务器。我们简单地讨论左操作数是 master 的情形（普通连接方式下记为 $[S_l, \text{NULL}]$，半连接方式下记为 $[S_l, S_r]$），注意，右操作数作为 master 的情形（$[S_r, \text{NULL}]$ 和 $[S_r, S_l]$）是对称的。

- $[S_l, \text{NULL}]$：由 S_l 执行的普通连接。S_r 发送（即需要公开）它的关系 R_r 给 S_l，S_l 计算连接。为执行连接，S_l 需要获得一个能授权它查看 R_r 的权限，R_r 的文件是 $[R_r^\pi, R_r^\bowtie, R_r^\sigma]$。

- $[S_l, S_r]$：半连接方式需要多个步骤。首先，S_l 计算其上关系 R_l 在属性集 J 上的投影 R_{J_l}。第二步，S_l 发送 R_{J_l} 给 S_r；这个步骤导致了一些数据泄漏，即 R_{J_l} 的关系文件（根据定义5.3）中的数据 $[J, R_l^\bowtie, R_r^\sigma]$。第三步，$S_r$ 本地计算 R_{J_l} 与 R_r 的连

接 $R_{J_l r}$。 第四步， S_r 发送 $R_{J_l r}$ 给 S_l； 这个步骤也有数据泄漏， 即 $R_{J_l r}$ 的关系文件 $[R_r^\pi, R_l^{\bowtie} \cup R_r^{\bowtie}, R_l^\sigma \cup R_r^\sigma]$（第一个分量只包含 R_r^π 是因为 J 必定是 R_r^π 的子集）。 最后， S_l 本地计算 $R_{J_l r}$ 与 R_l 的连接。

Oper.	[m,s]	Operation/Flow	Views(S_l)	Views(S_r)	View profiles
$\pi_X(R_l)$	[S_l, NULL]	$S_l : \pi_X(R_l)$			
$\sigma_X(R_l)$	[S_l, NULL]	$S_l : \sigma_X(R_l)$			
$R_l \bowtie_{J_l r} R_r$	[S_l, NULL]	$S_r : R_r \to S_l$ $S_l : R_l \bowtie R_r$	R_r		$[R_r^\pi, R_r^{\bowtie}, R_r^\sigma]$
	[S_r, NULL]	$S_l : R_l \to S_r$ $S_r : R_l \bowtie R_r$		R_l	$[R_l^\pi, R_l^{\bowtie}, R_l^\sigma]$
	[S_l, S_r]	$S_l : R_{J_l} := \pi_J(R_l)$ $S_l : R_{J_l} \to S_r$ $S_r : R_{J_l r} := R_{J_l} \bowtie R_r$ $S_r : R_{J_l r} \to S_l$ $S_l : R_{J_l r} \bowtie R_l$		$\pi_J(R_l)$ $\pi_J(R_l) \bowtie R_r$	$[J, R_r^{\bowtie}, R_r^\sigma]$ $[R_r^\pi, R_l^{\bowtie} \cup R_r^{\bowtie}, R_l^\sigma \cup R_r^\sigma]$
	[S_r, S_l]	$S_r : R_{J_r} := \pi_J(R_r)$ $S_r : R_{J_r} \to S_l$ $S_l : R_{l J_r} := R_l \bowtie R_{J_r}$ $S_l : R_{l J_r} \to S_r$ $S_r : R_{l J_r} \bowtie R_r$	$\pi_J(R_r)$ $R_l \bowtie (\pi_J(R_r))$		$[J, R_r^{\bowtie}, R_r^\sigma]$ $[R_l^\pi, R_l^{\bowtie} \cup R_r^{\bowtie}, R_l^\sigma \cup R_r^\sigma]$

图5.13 运算执行以及需要的视图和文件

半连接通常比普通连接更高效，因为半连接方式使得通信量最小（也有利于安全性）： 从服务器（slave server）只需要发送参与连接的元组，而不是全部元组。

例如，例5.3中的查询，如果树中节点 n_2 处的连接是以普通连接方式进行的， S_E 要发送Employee在属性 SSN 和Salary上的投影给 S_P（反之亦然）。 如果连接是以半连接方式进行，而 S_E 则作为master， S_E 只发送Employee在属性 SSN上的投影给 S_P。 然后 S_P 把Patient与收到的数据做连接，再投影到属性SSN和DoB，并发送给 S_E 即可。

函数 ε_T 为查询树 $T(N_T, E_T)$ 每个节点 n 分配一台或一对服务器，称为 *executor*，这些 *executor* 负责执行节点 n 代表的代数运算。 *executor assignment* 函数 ε_T 定义如下。

定义5.15（执行者分配） 给定一查询树 $T(N_T, E_T)$， 一个 *executor assignment* 函数 $\varepsilon_T : N_T \to \mathscr{S} \times \{\mathscr{S} \cup \text{NULL}\}$ 是各节点上服务器对的分配，使得：

- 为每个叶节点（对应于一个关系 R）分配一对 $[S, \text{NULL}]$，其中 S 是存储 R 的服务器；

- 若非叶节点n代表的是操作数R_l（该节点的左孩子）上的单目运算，则为每个这样的非叶节点n分配一对$[S_l, \text{NULL}]$，其中S_l是存储R_l的服务器；
- 若非叶节点代表的是R_l和R_r（该节点的左、右孩子）间的连接运算，则为每个这样的非叶节点n分配一对$[master, slave]$，使得$master \in \{S_l, S_r\}$, $slave \in \{S_l, S_r, \text{NULL}\}$，且$master \neq slave$，其中$R_l$存于$S_l$，$R_r$存于$S_r$。

给定一查询计划，我们的算法确定了一个对不同服务器的计算步骤的分配，按照这个分配来执行，只会公开那些被权限允许的数据。

定义5.16（安全的分配） 给定一查询树$T(N_T, E_T)$和一个执行者分配函数ε_T，$\varepsilon_T(n)$是安全的，当下列条件之一成立时：
- n是叶节点；
- n对应一个单目运算；
- n对应一个连接运算，且由分配引起的数据泄漏都是被授权的。

ε_T是安全的当且仅当$\forall n \in N_T$, $\varepsilon_T(n)$是安全的。

一查询规划是可行的当且仅当存在一个适用于它的安全分配。

定义5.17（可行的查询规划） 一查询规划$T(N_T, E_T)$是可行的当且仅当存在一个T上的函数ε_T是安全的。

5.6.1 第三方介入

如上所述，连接的执行需要操作数之间的信息通信，我们根据权限（基本的或复合的）来检验这些信息，只有被授权的信息才能参与通信。可能会出现这样的情况，对一给定的连接，四种可能的模型都不对应一个安全的assignment。在这种情况下，我们假设有一个第三方参与这个运算，或者是作为一个或两个操作数的代理人，或者是作为他们的协调者。图5.14总结了引入第三方的不同方法。在此，我们简要地说明一下。

- $[S_t, \text{NULL}]$:第三方收到两操作数的关系，独立地计算（普通）连接。
- $[S_t, S_l]$和$[S_t, S_r]$:第三方分别取代了S_r和S_l在计算中的主服务器的地位，而S_l和S_r在这两种情况下分别作为从属服务器。
- $[S_l, S_t]$和$[S_r, S_t]$:第三方取代了S_r和S_l在计算中的从属服务器的地位，而S_l和S_r在这两种情况下分别作为主服务器。
- $[S_t, S_l S_r]$:第三方担任主服务器负责计算连接，S_r和S_l都是从属服务器。这时，各操作数分别计算自己的参与了连接的属性上的投影，并发送给第三方。第三方计算两个输入间的连接,并把结果返回给每台服务器,各服务器再把收到的结果与自己的关系做连接,并把结果发送给第三方。第三方再次对收到的关系做连接,于是得到最后结果。

[m,s]	Operation/Flow	Views(S_l)	Views(S_r)	Views(S_t)	Views profiles
[S_t, NULL]	$S_l : R_l \to S_t$			R_l	$[R_l^\pi, R_l^\bowtie, R_l^\sigma]$
	$S_r : R_r \to S_t$			R_r	$[R_r^\pi, R_r^\bowtie, R_r^\sigma]$
	$S_t : R_l \bowtie R_r$				
[S_t, S_r]	$S_l : R_l \to S_t$			R_l	$[R_l^\pi, R_l^\bowtie, R_l^\sigma]$
	$S_t : R_{J_l} := \pi_J(R_l)$				
	$S_t : R_{J_l} \to S_r$		$\pi_J(R_l)$		$[J, R_l^\bowtie, R_l^\sigma]$
	$S_r : R_{J_l r} := R_{J_l} \bowtie R_r$				
	$S_r : R_{J_l r} \to S_t$			$\pi_J(R_l) \bowtie R_r$	$[R_r^\pi, R_l^\bowtie \cup R_r^\bowtie, R_l^\sigma \cup R_r^\sigma]$
	$S_t := R_{J_l r} \bowtie R_l$				
[S_t, S_l]	$S_r : R_r \to S_t$			R_r	$[R_r^\pi, R_r^\bowtie, R_r^\sigma]$
	$S_t : R_{J_r} := \pi_J(R_r)$				
	$S_t : R_{J_r} \to S_l$	$\pi_J(R_r)$			$[J, R_r^\bowtie, R_r^\sigma]$
	$S_l : R_{J_r l} := R_l \bowtie R_{J_r}$				
	$S_l : R_{J_r l} \to S_t$			$R_l \bowtie (\pi_J(R_r))$	$[R_l^\pi, R_l^\bowtie \cup R_r^\bowtie, R_l^\sigma \cup R_r^\sigma]$
	$S_t := R_{J_r l} \bowtie R_r$				
[S_l, S_t]	$S_l : R_{J_l} := \pi_J(R_l)$				
	$S_l : R_{J_l} \to S_t$			$\pi_J(R_l)$	$[J, R_l^\bowtie, R_l^\sigma]$
	$S_r : R_r \to S_t$			R_r	$[R_r^\pi, R_r^\bowtie, R_r^\sigma]$
	$S_t : R_{J_l r} := R_{J_l} \bowtie R_r$				
	$S_t : R_{J_l r} \to S_l$	$\pi_J(R_l) \bowtie R_r$			$[R_r^\pi, R_l^\bowtie \cup R_r^\bowtie, R_l^\sigma \cup R_r^\sigma]$
	$S_l := R_{J_l r} \bowtie R_l$				
[S_r, S_t]	$S_r : R_{J_r} := \pi_J(R_r)$				
	$S_r : R_{J_r} \to S_t$			$\pi_J(R_r)$	$[J, R_r^\bowtie, R_r^\sigma]$
	$S_l : R_l \to S_t$			R_l	$[R_l^\pi, R_l^\bowtie, R_l^\sigma]$
	$S_t : R_{J_r l} := R_l \bowtie R_{J_r}$				
	$S_t : R_{J_r l} \to S_r$		$R_l \bowtie (\pi_J(R_r))$		$[R_l^\pi, R_l^\bowtie \cup R_r^\bowtie, R_l^\sigma \cup R_r^\sigma]$
	$S_r := R_{J_r l} \bowtie R_r$				
[$S_t, S_l S_r$]	$S_l : R_{J_l} := \pi_J(R_l)$				
	$S_r : R_{J_r} := \pi_J(R_r)$				
	$S_l : R_{J_l} \to S_t$			$\pi_J(R_l)$	$[J, R_l^\bowtie, R_l^\sigma]$
	$S_r : R_{J_r} \to S_t$			$\pi_J(R_r)$	$[J, R_r^\bowtie, R_r^\sigma]$
	$S_t : R_{J_l J_r} := R_{J_l} \bowtie R_{J_r}$				
	$S_t : R_{J_l J_r} \to S_l$	$(\pi_J(R_l)) \bowtie (\pi_J(R_r))$			$[J, R_l^\bowtie \cup R_r^\bowtie, R_l^\sigma \cup R_r^\sigma]$
	$S_t : R_{J_l J_r} \to S_r$		$(\pi_J(R_l)) \bowtie (\pi_J(R_r))$		$[J, R_l^\bowtie \cup R_r^\bowtie, R_l^\sigma \cup R_r^\sigma]$
	$S_l := R_{J_{tr} l} := R_l \bowtie R_{J_l J_r}$				
	$S_r := R_{J_{tr} r} := R_{J_l J_r} \bowtie R_r$				
	$S_l : R_{J_{tr} l} \to S_t$			$R_l \bowtie (\pi_J(R_l)) \bowtie (\pi_J(R_r))$	$[R_l^\pi, R_l^\bowtie \cup R_r^\bowtie, R_l^\sigma \cup R_r^\sigma]$
	$S_r : R_{J_{tr} r} \to S_t$			$(\pi_J(R_l)) \bowtie (\pi_J(R_r)) \bowtie R_r$	$[R_r^\pi, R_l^\bowtie \cup R_r^\bowtie, R_l^\sigma \cup R_r^\sigma]$
	$S_t := R_{J_{tr} l} \bowtie R_{J_{tr} r}$				

图5.14 第三方介入下连接运算的不同执行阶段

注意,前五种情形只是之前已经描述过的情形的一个简单的改变,第三方只是作为代理出现,因而它需要权限来查看被代替方拥有的关系,还有对应它角

（master/slave）的视图。最后一种情形$[S_t, S_lS_r]$稍微有一点复杂，在表中也能明显地看到，它造成了不同的视图。这时，第三方只能查看参与连接的元组（不需要像做代理那样有关系上的完整视图）。每个slave也只需要看到对方的与它做连接的属性（而不是完整的列表）。

第三方的介入使得"执行者分配"的定义定义5.15)发生了一点点变化。

定义5.18（有第三方的执行者分配） 给定一查询规划$T(N_T, E_T)$，一个$executor$ $assignment$函数$\varepsilon_T : N_T \to \mathscr{S} \times \{\mathscr{S} \cup [\mathscr{S} \times \mathscr{S}] \cup \text{NULL}\}$是节点的服务器对分配，满足：

- 为每个叶节点（对应于一个关系R）分配一对$[S, \text{NULL}]$，其中S是存储R的服务器；

- 若非叶节点代表的是操作数R_l（该节点的左子节点）上的单目运算，则为每个这样的非叶节点n分配一对$[S_l, \text{NULL}]$，其中S_l是存储R_l的服务器；

- 若非叶节点代表的是R_l和R_r（该节点的左、右子节点）间的连接运算，则为每个这样的非叶节点n分配一对$[master, salve]$，使得$master \in \mathscr{S}, slave \in \{\mathscr{S} \cup [S_l, S_r] \cup \text{NULL}\}$，且$master \neq slave$，且至少有一个元素在$\{S_l, S_r, [S_l, S_r], \text{NULL}\}$中，其中$R_l$存于$S_l$，$R_r$存于$S_r$。

安全assignment的定义和可行的查询规划的定义没有变换。

例5.6 考虑例5.3中的查询，图5.15给出了存储数据的服务器拥有的权限。Employee ⋈ Patient与Treatment间的外连接既不能安全地分配给S_E和S_P，也不能安全地分配给S_T。所以，必须求助于第三方的介入。特别地，给定运算的一个安全assignment是$[S_P, S_D]$。事实上，S_D被授权允许访问关系Treatment的属性SSN，Type，Duration 以及（Employee ⋈ Patient）的属性SSN，DoB，Race。S_P被授权允许查看整个Treatment，以确保连接条件P.SSN=T.SSN成立。

现在，我们来描述一个问题。

问题5.1 给定一查询规划$T(N_T, E_T)$和一权限集合$\mathscr{P}$：① 确定T是否可行；② 为T返回一个安全的分配ε_T。

下一节，我们描述了一个算法来求解上述问题，该算法利用了全面介绍的权限组合技术，当给定一查询规划和一基本权限集合时，确定这个规划是否可行，如果可行，则返回一个安全的分配。

p_6:[(SSN,Job,Salary),(Employee)]$\to S_E$

p_7:[(SSN),(Patient)]$\to S_E$

p_8:[(SSN,DoB,Race),(Patient)]$\to S_P$

p_9:[(SSN,Job,Salary),(Employee,Patient)]$\to S_P$

p_{10}:[(SSN,IdDoc,Type,Cost,Duration),(Patient,Treatment)]$\to S_P$

p_{11}:[(SSN,IdDoc,Type,Cost,Duration),(Treatment)]$\to S_T$

p_{12}:[(IdDoc,Name,Specialty),(Doctor)]$\to S_D$

p_{13}:[(SSN,Type,Duration),(Treatment)]$\to S_D$

p_{14}:[(SSN,DoB,Race),(Employee,Patient)]$\to S_D$

图5.15 服务器权限示例图

5.7 建立安全的查询规划

安全分配的确定遵循两个基本原则，为了最小化计算代价：① 我们偏爱半连接（相比于普通连接）；② 如果有多个候选服务器都可以安全地执行一个连接运算（在树中一给定的层次上），我们更喜欢那台参与了更多连接运算的服务器。为此，我们为每台候选服务器设置一个计数器，用来记录以该服务器作为候选服务器的连接运算的数目。

该算法（图5.16）有三个输入参数，分别是权限集、模式图以及查询规划$T(N_T, E_T)$，在$T(N_T, E_T)$中，已经为每个叶节点（基本关系R）分配了执行者$[server, \text{NULL}]$，$server$是存储R的服务器。该算法返回（如果存在的话）一个安全的分配T。

该算法对查询树T（N_T, E_T）实施两次遍历，第一次遍历（程序**Find_candidates**）是后序遍历树T。在每个节点，其文件是根据其子节点的文件以及该节点对应的运算文件来计算的（如图5.4所示）。而且，该节点的可能的候选分配集合是根据其子节点的可能候选集合来确定的。具体如下，如果该节点是单目运算，该节点的候选者就是其唯一子节点的所有候选者。如果该节点是连接运算，当有必要验证某服务器是否能作为$master$或$slave$，又或是能计算一个普通连接时，程序**Find_candidates**调用图5.11中的函数**Authorized**。**Authorized**的输入是视图图，这些视图图表示的是那些在运算执行过程中应该可见的视图的文件。该算法按照连接计数器（**GetFirst**）的降序依次考察其左子节点的候选者，当找到第一个可以作为左$slave$的候选服务器（将其插入到本地变量$leftslave$）时，算法停止。该算法继续测试右子节点的所有候选者，以确定它们是否可以在半连接方式（如果找到一个左$slave$）中作为$master$，或者可以完成普通连接（如果没有找到任何的左$slave$）。注意，为了在树中将服务器向上传递，我们需要考虑所有可能的候选者，所以，虽然我们需要确定是否所有的服务器都可以作为$master$，但只要确定一个$slave$就足够了（$slave$是不向上传递的）。对每个这种$server$候选者，都有一个三元组$[server, right, counter]$添加到$candidates$列表中，其中$counter$的值是与该节点右子节点的服务器所关联的计数器值增1（因为该候选者也参与了其父节点的连接，该候选者会比在子节点层时多做1次连接）。然后，算法继续对称的确定是否有来自右子节点的可以作为$slave$的候选服务器（按计算器降序考察候选者），并确定能作为$master$的所有左候选者，把它们添加到候选者集合。在这个过程的最后，$candidates$列表包含了来自左子节点或右节点的，能在图5.13所示的任何模型中执行连接运算的所有候选者。如果没有找到任何的候选者，该算法就调用图5.19中的函数**FindThirdParty**，以确定这个运算是否能够在第三方介入的情况下完成，其执行过程与前面提到的类似，根据执行过程中需要的视图（见5.6.1节）来实施权限控制。如果执行这个调用仍没有返回候选者，该算法退出，并返回该算法发生中断的节点（即不存在安全的分配），这也意味着这棵树是不可行的。

INPUT

$\mathscr{P}$

$G(\mathcal{N}, e)$

$T(N_T, E_T)$

OUTPUT

$\varepsilon_T(n)$ /*作为$n.executor$*/

/* $n.left, n.right$：左右孩子 */

/* $n.operator, n.parameter$：运算和参数 */

/* $[n.\pi, n.\bowtie, n.\sigma]$：描述 */

/* $n.leftslave, n.rightslave$：左右从服务器 */

/* $n.leftthirdslave$：作为左从服务器的第三方 */

/* $n.rightthirdslave$：作为右从服务器的第三方 */

/∗ n.candidates：形如[server, fromchild, counter]的候选服务器的初始记录列
表，来源或代理的孩子（左，右），服务器在子树中的候选者的连接的个数∗/
/∗ n.executor.master, n.executor.slaves：执行者分配∗/
MAIN
FindCandidates(root(T))
AssignExecutor(root(T),NULL)
return(T)

图5.16　为查询树计算一个安全分配

如果**Find_candidates**完全成功了，该算法继续第二次遍历查询树。 第二次遍历（程序**AssignExecutor**）是先序遍历，递归访问树。 在根节点，如果有多个可能的分配，就选择有最高的连接次数的候选服务器。 因此，被选定的候选者被下移到那个在后序遍历期间确定该候选者的子节点。 右子节点（如果存在的话）则会下移给它一个已记录的候选$slave$。 如果没有合适的$slave$（即$rightslave/leftslave =$ NULL或者这个$slave$是第三方），则会下移一个NULL值给这个右子节点。 在每个子节点，$master$执行者或者被赋值为由其父节点推下来的那台服务器（如果其父节点存在的话），或者被赋值为具有最高连接数的候选服务器，这个过程递归的重复，直至到达一个叶节点。

例5.7　考虑查询Q_4的查询树（见图5.2），为了便于讨论，我们把它放在了图5.20中，请求执行查询Q_4的Alice被授权允许查看查询的结果（见图5.10中的复合权限$p_1 \otimes p_2 \otimes p_4$）。 另外，还有图5.15中给出的服务器权限集合。图5.20说明了程序 **Find_candidates**（见图5.17）和 **Assign_executor**（见图5.18）的执行过程，按照各节点的访问次序，列出了各节点及其被确定的候选者/执行者。带∗的候选者/执行者对应的都是叶节点（已经在输入中给定）。 为了阐明程序的工作过程，我们用几个具体调用来说明。 例如，调用**Find_candidates**(n_2)。在子节点n_2的所有候选者（来自左子节点n_4的S_E和来自右子节点n_5的S_P）之中，只有右子节点的候选者S_P是n_2上的连接运算的候选者，这个连接运算以半连接方式执行， 因为S_E可以作为$slave$。 **Find_candidates**中一个计算第三方介入的函数**FindThirdParty**见图5.19。 当调用**Assign_executor**时，每个节点的候选者集合列在了表**Find_candidates**中。 由根节点n_0开始，只能将执行者[S_P, _]分

配给n_0，其中S_P是来自其左子节点（也是唯一的子节点）n_1，然后在递归调用时S_P又被下推到n_1。在n_1，$master$被置为S_P，结合其$slave$域，n_1处的执行者置为$[S_P, S_D]$。因此，S_P被进一步下推到其左孩子n_3（在**Find_candidates**执行过程中，S_P就选自n_2），但是S_D没有被下推到n_2，因为S_D是一个帮助寻找正确分配的第三方。

在这一节的尾端，我们解释一下如何将我们的方法与已有的查询优化器集结合起来。分布式查询优化包括$twosteps$[64]。首先，查询优化器确定一个好的部署，就好像它在为一个中央系统执行优化；第二，它为系统中的不同服务器分配运算。我们的算法很好地满足了这个两段式结构。特别地，虽然在算法的举例说明中，我们假设已经有了完整的查询规划来作为算法的输入，我们的算法是可以精确地与优化器合并的，我们的算法在查询优化器给出的树结构上执行先序遍历，计算候选者，而优化器负责建立部署，执行后序遍历，为优化器求出在第二阶段需要的执行者。

FINDCANDIDATES(n)

$l := n.left$

$r := n.right$

if $l \neq$ NULL **then** **FindCandidates**(l)

if $r \neq$ NULL **then** **FindCandidates**(r)

case $n.operator$ **of**

  $\pi : n.\pi := n.parameter, n.\bowtie := l.\bowtie; n.\sigma := l.\sigma$

   for c **in** $l.candidates$ **do** Add$[c.server, \text{left}, c.count]$ to $n.candidates$

  $\sigma : n.\pi := l.\pi; n.\bowtie := l.\bowtie; n.\sigma := l.\sigma \cup n.parameter$

   for c **in** $l.candidates$ **do** Add$[c.server, \text{left}, c.count]$ to $n.candidates$

  $\bowtie : n.\pi := l.\pi \cup r.\pi; n.\bowtie := l.\bowtie \cup r.\bowtie \cup n.parameter; n.\sigma := l.\sigma \cup r.\sigma$

    $right\_slave\_view := [J_l, l.\bowtie, l.\sigma]$

    $left\_slave\_view := [J_r, r.\bowtie, r.\sigma]$

    $right\_master\_view := [l.\pi \cup J_r, l.\bowtie \cup r.\bowtie \cup n.parameter, l.\sigma \cup r.\sigma]$

    $left\_master\_view := [J_l \cup r.\pi, l.\bowtie \cup r.\bowtie \cup n.parameter, l.\sigma \cup r.\sigma]$

    $right\_full\_view := [l.\pi, l.\bowtie, l.\sigma]$

    $left\_full\_view := [r.\pi, r.\bowtie, r.\sigma]$

/* check case $[S_r, \text{NULL}]$ and $[S_r, S_l]$ */

$n.leftslave := \text{NULL}$

$c := \textbf{GetFirst}(l.candidates)$

while$(n.leftslave = \text{NULL}) \wedge (c \neq \text{NULL})$ **do**

    if $\textbf{Authorized}(G_{left\_salve\_view}, c.server)$ **then** $n.leftslave := c$

    $c := c.next$

$regular := \text{NULL}$

$rightmasters = \text{NULL}$

for c **in** $r.candidates$ **do**

    if $\textbf{Authorized}(G_{right\_full\_view}, c.server)$ **then**

        Add$[c.server, \text{right}, c.counter + 1]$ to $regular$

    if $\textbf{Authorized}(G_{right\_master\_view}, c.server)$ **then**

        Add$[c.server, \text{right}, c.counter + 1]$ to $rightmasters$

if $n.leftslave \neq \text{NULL}$ **then**

    Add $rightmasters$ to $n.candidates$

else

    Add $regular$ to $n.candidates$

/* 检查$[S_l, \text{NULL}]$ 和$[S_l, S_r]$的情况*/

$n.rightslave := \text{NULL}$

$c := \textbf{GetFirst}(r.candidates)$

while$(n.rightslave = \text{NULL}) \wedge (c \neq \text{NULL})$ **do**

    if $\textbf{Authorized}(G_{right\_slave\_view}, c.server)$ **then** $n.rightslave := c$

    $c := c.next$

$regular := \text{NULL}$

$leftmasters := \text{NULL}$

for c **in** $l.candidates$ **do**

    if $\textbf{Authorized}(G_{left\_full\_view}, c.server)$ **then**

        Add$[c.server, \text{left}, c.counter + 1]$to $regular$

    if $\textbf{Authorized}(G_{left\_master\_view}, c.server)$ **then**

        Add$[c.server, \text{left}, c.counter + 1]$to $leftmasters$

if $n.rightslave \neq \text{NULL}$ **then**

         Add *leftmasters* to *n.candidates*
     else
         Add *regular* to *n.candidates*
     /*检查第三方*/
     if *n.candidates* = NULL **then**
             n.candidates := **FindThirdParty**(*n.leftmasters, rightmasters*)
     /*不能执行的节点*/
     if *n.candidate* = NULL **then exit**(*n*)

图5.17 查询树T中各节点的安全候选者集合确定函数

ASSIGNEXECUTOR(*n, from_parent*)
if *from_parent* ≠ NULL **then**
    chosen := **Search**(*from_parent, n.candidates*)
else
    chosen := **GetFirst**(*n.candidates*)
n.executor.master := *chosen.server*
case *chosen.fromchild* **of**
    left:/*$[S_l, \text{NULL}], [S_l, S_r], [S_l, S_t]$的情况*/
        if *n.left* ≠ NULL **then AssignExecutor**(*n.left, n.executor.master*)
        if *n.right* ≠ NULL **then**
            if *n.rightslave* ≠ NULL **then**
                n.executor.slaves := {*n.rightslave*}
                AssignExecutor(*n.right, n.rightslave*)
            else *n.executor.slaves* := {*n.rightthirdslave*}
                AssignExecutor(*n.right*, NULL)
    right:/*$[S_r, \text{NULL}], [S_r, S_l], [S_r, S_t]$的情况*/
        if *n.left* ≠ NULL **then**
            if *n.leftslave* ≠ NULL **then**
                n.executor.slaves := {*n.leftslave*}

$\quad\quad\quad$ **AssignExecutor**$(n.right, n.leftslave)$
$\quad\quad$ **else** $n.executor.slaves := \{n.leftthirdslave\}$
$\quad\quad\quad$ **AssignExecutor**$(n.right, \text{NULL})$
$\quad$ **if** $n.right \neq \text{NULL}$ **then AssignExecutor**$(n.right, n.executor.master)$
third_left:/*$[S_t, S_r]$的情况*/
$\quad$ $n.executor.slaves := \{n.rightslave\}$
$\quad$ **if** $n.left \neq \text{NULL}$ **then AssignExecutor**$(n.left, \text{NULL})$
$\quad$ **if** $n.right \neq \text{NULL}$ **then AssignExecutor**$(n.right, n.rightslave)$
third_right:/* $[S_t, S_l]$的情况*/
$\quad$ $n.executor.slaves := \{n.leftslave\}$
$\quad$ **if** $n.left \neq \text{NULL}$ **then AssignExecutor**$(n.left, n.leftslave)$
$\quad$ **if** $n.right \neq \text{NULL}$ **then AssignExecutor**$(n.right, \text{NULL})$
third:/* $[S_t, \text{NULL}], [S_t, S_l S_r]$的情况*/
$\quad$ $n.executor.slaves := \{n.leftslave, n.rightslave\}$
$\quad$ **if** $n.left \neq \text{NULL}$ **then AssignExecutor**$(n.left, n.leftslave)$
$\quad$ **if** $n.right \neq \text{NULL}$ **then AssignExecutor**$(n.right, n.rightslave)$

图5.18 查询树中各节点的候选者选择函数

FINDTHIRDPARTY$(n, leftmaster, rightmaster)$

$l := n.left;\ r := n.right;\ list := \text{NULL}$

$right\_slave\_view := [J_l, l.\bowtie, l.\sigma]$

$left\_slave\_view := [J_r, r.\bowtie, r.\sigma]$

$right\_master\_view := [l.\pi \cup J_r, l.\bowtie \cup r.\bowtie \cup n.parameter, l.\sigma \cup r.\sigma]$

$left\_master\_view := [J_l \cup r.\pi, l.\bowtie \cup r.\bowtie \cup n.parameter, l.\sigma \cup r.\sigma]$

$right\_full\_view := [l.\pi, l.\bowtie, l.\sigma]$

$left\_full\_view := [r.\pi, r.\bowtie, r.\sigma]$

$two\_slave\_view := [J_l \cup J_r, l.\bowtie \cup r.\bowtie \cup n.parameter, l.\sigma \cup r.\sigma]$

/*检查第三方是否能作为$slave$ */

if $leftmasters \neq \text{NULL}$ **then**/* case $[S_l, S_t]$ */

$n.rightthirdslave := $ NULL

$i := 1$

while$(n.rightthirdslave = $ NULL$) \wedge (i < |\mathscr{S}|)$ **do**

  if Authorized$(G_{right\_slave\_view}, S_i) \wedge$ **Authorized**$(G_{left\_full\_view}, S_i)$ **then**

    $n.rightthirdslave := S_i$

  $i := i+1$

if $n.rightthirdslave \neq $ NULL **then**

  for each $c \in leftmasters$ **do** Add $[c.server, \text{left}, c.count]$ to $list$

if $rightmasters \neq $ NULL **then** /* case $[S_r, S_t]$ */

  $n.leftthirdslave := $ NULL

  $i := 1$

  while$(n.leftthirdslave = $ NULL$) \wedge (i < |\mathscr{S}|)$ **do**

    if Authorized$(G_{left\_slave\_view}, S_i) \wedge$ **Authorized**$(G_{right\_full\_view}, S_i)$ **then**

      $n.leftthirdslave := S_i$

    $i := i+1$

  if $n.leftthirdslave \neq $ NULL **then**

    for each $c \in rightmasters$ **do** Add $[c.server, \text{right}, c.count]$ to $list$

if $list \neq$ NULL **then return**$(list)$

/*检查第三方是否能作为$master$*/

for $i := 1...|\mathscr{S}|$ **do**

  if $n.leftslave \neq $ NULL **then** /* case $[S_t, S_l]$ */

    if Authorized$(G_{right\_master\_view}, S_i) \wedge$ **Authorized**$(G_{left\_full\_view}, S_i)$ **then**

      Add$[S_i, \text{third\_right}, 1]$ to $list$

  else

    if $n.rightslave \neq $ NULL **then** /* case $[S_t, S_r]$ */

      if Authorized$(G_{left\_master\_view}, S_i) \wedge$ **Authorized**$(G_{right\_full\_view}, S_i)$ **then**

        Add$[S_i, \text{third\_left}, 1]$ to $list$

if $list \neq$ NULL **then return**$(list)$

/*检查第三方是否能执行$regular$连接：case$[S_t,\text{NULL}]$ */

for $i := 1...|\mathscr{S}|$ **do**

  if Authorized$(G_{left\_full\_view}, S_i) \wedge$ **Authorized**$(G_{right\_full\_view}, S_i)$ **then**

Add[S_i, third, 1] to $list$
if $list \neq$ NULL **then return**($list$)
/* 检查第三方是否能作为$coordinator$: case[$S_t, S_l S_r$] */
$c := $ **GetFirst**($l.candidates$)
while ($n.leftslave = $ NULL) $\wedge$ ($c \neq$ NULL) **do**
　　if Authorized($G_{two\_slave\_view}, c.server$) **then** $n.leftslave := c.server$
　　　　$c := c.next$
if $n.leftslave \neq $ NULL **then**
　$c := $ **GetFirst**($r.candidates$)
　while ($n.rightslave = $ NULL) $\wedge$ ($c \neq$ NULL) **do**
　　　if Authorized($G_{two\_slave\_view}, c.server$) **then** $n.rightslave := c.server$
　　　　　$c := c.next$
if $n.rightslave \neq $ NULL **then**
　for $i := 1...|\mathscr{S}|$ **do**
　　if Authorized($G_{left\_slave\_view}, S_i$)$\wedge$ **Authorized**($G_{right\_slave\_view}, S_i$)$\wedge$
　　　Authorized($G_{left\_master\_view}, S_i$)$\wedge$ **Authorized**($G_{right\_master\_view}, S_i$)
　　　then Add S_i to $masterlist$
if $masterlist \neq $ NULL **then for each** $m \in masterlist$ **do** Add[m,third,1] to $list$
if $list \neq$ NULL **then return**($list$)

图5.19 连接运算中计算第三方介入的函数

5.8　小结

　　我们提出一个简单但强大的方法来描述权限和实施权限，用于在分布式计算的各数据持有者之间控制数据的泄漏，以确保查询执行过程只泄漏被明确授权可公开的数据。数据的公开发生在与每个数据计算关联的文件中，这些文件描述了被允许公开的关系所携带的信息。允许的数据泄漏又可以体现在简单的权限控制中，这些权限可以高效地进行组合而不破坏隐私性。本章中，我们提出了一个既适用于权限又适用于文件的简单的图表示法，可以简单地执行我们的安全寻找过程。我们还提出了一个算法，给定一查询规划，该算法可以确定这个查询是否

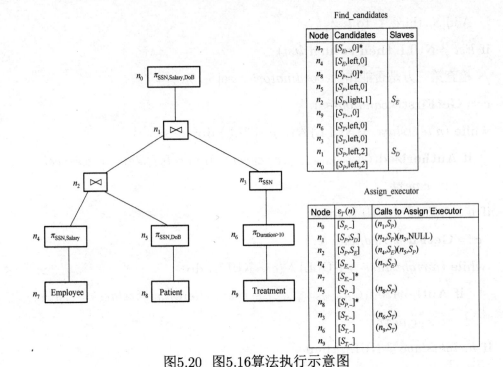

图5.20 图5.16算法执行示意图

可以安全地执行并为它找到一个安全的查询规划。我们的方法的主要优点是简单性，在不影响表达的同时，使得我们的方法在分布式系统中能与适用于合作计算的现有方法精确地彼此协作。

第6章 结束语

本书中，我们解决了保护外包给外部服务器的信息的问题。在一个简要的介绍和相关工作的讨论之后，我们专注于三个特定的方面：访问控制执行、隐私保护和安全数据整合。在本章，我们简短地总结本书的贡献以及简述未来的工作。

6.1 总结贡献

本书的贡献有三点。

访问控制执行。我们提出了一种基于访问控制与加密技术相结合的访问控制模式。这个想法本身并不新鲜，但是把它应用在外包架构中所带来的问题引起了诸多挑战。出于保证访问数据的有效性的目的，我们提出利用密钥推导法以及提出一个方法来定义一个足够层次的密钥推导。这个基本的模式已经被扩展来更方便地支持服务器端的策略更新，同时也减少数据拥有者的负担。提出的解决办法是基于两个不同的加密层。低的一层是直接由数据所有者管理且常用于初始的访问控制策略。而高的一层是由远程服务器管理且在没有数据所有者的直接干预下对原始策略执行数据更新。这个方法已经被仔细地分析来模拟数据泄漏时串通的风险。

隐私保护。我们设计了一个技术，支持在关系型数据库中隐私保护要求的管理。提出的方法是基于保密性限制这些要求的代表性，以及基于加密与分片的执行。保密性限制被定义为对非授权用户，其联合能见度必须被限制的一组属性。因此，隐私保护能通过解决保密性限制得到保证，强制没有限制是一个碎片模式的子集，防止不同碎片间通过加密共同属性相互连接。为了这个目的，根据在设计时所知道的关于系统工作量的信息，我们提出了不同的碎片算法，可以用来产生好的碎片。

安全数据整合。我们提出了一个方法来调节各参与方之间的数据流。各参与方相互合作以整合他们的信息源。这个整合机制是基于对在关系模式组件上的相互合作的服务器的访问权限的表征以及基于他们在分布式查询评估中的执行。访问权限被定义为数据上的一个视图,它可以流入一个给定的服务器中。然而,完整地列举出关系模式中的访问特权可能是昂贵的。因此,我们提出了一个算法用于构成访问权限,而不需要信息泄漏。访问权限的执行是通过在查询评估过程中控制数据交换获得的。为此,我们提出一算法可以用于生成一个查询执行计划以满足(基本的或组成的)访问权限。

6.2 未来工作

在本书中描述的研究可以沿着几个方向进行下去。

6.2.1 访问控制执行

写入操作的管理。我们的访问控制系统,是基于选择性加密、管理访问控制执行和动态策略更新。 然而,它假设为只读的访问控制(见第3章)。 该假设,即使有足够的数据传播方案也不足以管理由不同参与方引起的数据策略更新。而这些参与方可能和起初的数据拥有者不是同一人。 在有多个所有者的情况下,每个所有者都被授权去修改他自己拥有的那部分数据。 而他可以只读更大的部分外包的资源,这些资源可能由其他参与方所拥有。 然后,我们计划延伸本书中所提出的模式,放宽访问为只读的假设,以及提出一个系统,即使在有多个所有者的情况下也能够进行高效的管理。 当前在数据外包下的整合工作,并不适合有多个所有者的情况,尽管保证写入操作只由授权用户进行,因为他们不允许管理员授予选择性写入权限给不同的用户。

访问控制策略的保密。为了访问控制执行而提出的机制利用了通过适当层次的密钥推导。密钥派生层次的使用及其标记,可以大大简化密钥的管理,介绍了有关策略保密性的一个新漏洞。事实上,符号的公开可用性以及相应的密钥派生层次,使得在用户和资源之间有种可见的关系,而且他们是得到授权去访问的,因此用户希望执行这些授权策略。然而,在几个场合中,应当考虑策略本身的保密性,因为数据所有者不希望公开宣布他们给谁(或者不给谁)权利去访问他们的资源。而且,策略的分析可能会允许观察员去重建用户访问系统的社交网络的结构,可能会获得透露出的用户的身份和他们关系的一些信息。因为这些新的解决办法的总体目标是允许以用于资源传播的高效的保密性维护机制,系统将有兴趣支持保护访问控制策略时出现的必然要求,只要它的保护并没有介绍在系统性能方面的重要影响。这个问题的一个简单的解决方法包括加密标记目录。然而,这个方法却有使得密钥推导变得低效的缺点[40]。因此,有必要去定义一个办法既保护访问控制策略的隐私又确保一个高效的密钥推导过程。

6.2.2 隐私保护

数据更新管理。隐私保护系统是基于第4章提出的碎片和加密的结合使用,使得隐含的假设即原始的数据集从未更新。特别地,提出的模式假设没有元组加入到原来的图表中。然而,如果一个新的元组可以被插入到其后可用碎片的片段上,它将更容易去重建原来的元组:足够连接每个碎片的新元组。明显地,这个方法将违反用于系统的保密性限制。解决这个问题的一个简单方法包括推迟数据插入,直到达到给定的新元组的数量。然而,这个方法并没有经常提供所需的隐私级别,以及不能保证数据的新鲜。未来研究的方向将专注于模式的定义,使得能够管理插入和更新,同时保证碎片上的隐私保护和最新的信息。

避免利用可信任方加密。正如已经指出的,从用户的角度看,移交加密数据是低效的,因为在查询评估中他需要和远程服务器合作。我们未来的工作包括分析数据所有者直接储存他们部分的数据的可能性。在这个方案中,隐私限制可以通过仅在两个碎片中分割原始图表来解决:一个碎片将被外包而且必须满足保密性限制;另一个碎片将由数据所有者直接管理。在这种情况下需要解决的问题和由数据所有者直接管理的碎片的大小有关。实际上,有必要去最小化这样碎片的大小,否则的话,数据所有者将不会有兴趣在利用数据外包上。要考虑的另一方面是在查询评估中为数据所有者所做的工作量。

6.2.3 安全数据整合

基于实例的授权。用于控制在分布式系统中的信息流而定义的授权模式已经在分布式数据库架构中设计。因此,对服务器可见的部分数据的定义是基于一列的属性与图表。而且,连接被用来作为减少可视数据集的一种方式以满足特定的连接条件。一个有趣的新研究包含允许基于实例的权限的规范。该安全模式的扩展需要包括用于安全组成权限的算法和用于评估一个查询执行计划是否安全的算法在内的安排。

构建一个安全的查询执行树。在第5章，我们提出了一个能够确定对一个给定的访问执行计划相对于一组给定的权限是否安全的算法。然而，从用户的角度看，给定一个查询，那是有趣的，因为有一个能返回一个安全查询执行计划的算法。如果存在这样的一个用于以权限集为系统特征的规划。一个基本解决这个问题的方法包括，如在第5章简要讨论过的，检查每个可能的相对于配置文件权限的查询执行计划。然而，用于查询的这种计划的数量可能会很大，会随着参与评估的关系和服务器的数量的增加而增加。因此，很有必要找到一种替代的解决办法，它可以利用权限来直接建立一个安全的查询执行计划。

参考文献

[1] Abiteboul, S., Hull, R., Vianu, V.: Foundations of Databases[M]. Upper Saddle River: Addison-Wesley, 1995.

[2] Aggarwal, G., Bawa, M., Ganesan, P., Garcia-Molina, H., Kenthapadi, K., Motwani, R., Srivastava, U., Thomas, D., Xu, Y.. Two can keep a secret: a distributed architecture for secure database services[C]. Asilomar: CIDR, 2005.

[3] Agrawal, R., Asonov, D., Kantarcioglu, M., Li, Y.. Sovereign joins[C]. Piscataway: IEEE, 2006: 26.

[4] Agrawal, R., Kierman, J., Srikant, R., Xu, Y.. Order preserving encryption for numeric data[C]. New York: ACM, 2004: 563-574.

[5] Aho, A., Beeri, C., Ullman, J.. The theory of joins in relational databases[J]. ACM Transaction on Database Systems, 1979, 4(3): 297–314.

[6] Akl, S., Taylor, P.. Cryptographic solution to a problem of access control in a hierarchy[J]. ACM Transactions on Computer System, 1983, 1(3): 239.

[7] Anderson, J.. Computer security planning study[R]. Air Force Electronic System Division, 1972.

[8] Atallah, M., Frikken, K., Blanton, M.. Dynamic and efficient key management for access hierarchies[C]. New York: ACM, 2005: 190-202.

[9] Atzeni, P., Ceri, S., Paraboschi, S., Torlone, R.. Database Systems - Concepts, Languages and Architectures[M]. New York: McGraw-Hill Book Company, 1999.

[10] Baralis, E., Paraboschi, S., Teniente, E.. Materialized views selection in a multidimensional database[C]. San Francisco: Morgan Kaufmann, 1997: 156-165.

[11] Bernstein, P., Goodman, N., Wong, E., Reeve, C., J.B. Rothnie, J.. Query processing in a system for distributed databases (SDD-1)[J]. ACM Transaction on

Database Systems, 1981, 6(4): 602 - 625.

[12] Birget, J., Zou, X., Noubir, G., Ramamurthy, B.. Hierarchy-based access control in distributed environments[C]. Helsinki: IEEE, 2002: 229-233.

[13] Biskup, J., Embley, D., Lochner, J.. Reducing inference control to access control for normalized database schemas[J]. Information Processing Letters, 2008, 106(1): 8 - 12.

[14] Biskup, J., Lochner, J.. Enforcing confidentiality in relational databases by reducing inference control to access control[C]. Berlin: Springer, 2007: 407-422.

[15] Blundo, C., Cimato, S., De Capitani di Vimercati, S., De Santis, A., Foresti, S., Paraboschi, S., Samarati, P.. Managing key hierarchies for access control enforcement: Heuristic approaches[J]. Computers and Security, 2010, 29(5): 533 - 547.

[16] Boneh, D., Crescenzo, G., Ostrovsky, R., Persiano, G.. Public-key encryption with keyword search[C]. Berlin: Springer, 2004: 506-522.

[17] Boneh, D., Franklin, M.. Identity-based encryption from the weil pairing[J]. SIAM Journal on Computing, 2003, 32(3): 586 - 615.

[18] Boneh, D., Gentry, C., Lynn, B., Shacham, H.. Aggregate and verifiably encrypted signatures from bilinear maps[C]. Berlin: Springer, 2003: 416-432.

[19] Boyens, C., Gunter, O.. Using online services in untrusted environments - a privacypreserving architecture[C]. Naples: ECIS, 2003: 239-250.

[20] Brinkman, R., Doumen, J., Jonker, W.. Using secret sharing for searching in encrypted data[C]. Berlin: Springer, 2004: 18-27.

[21] Calì, A., Martinenghi, D.. Querying data under access limitations[C]. Piscataway: IEEE, 2008: 50-59.

[22] California senate bill sb 1386[Z], 2002.

[23] Ceri, S., Pelagatti, G.. Distributed Databases: Principles and Systems[M]. New York: McGraw-Hill Book Company, 1984.

[24] Ceselli, A., Damiani, E., De Capitani di Vimercati, S., Jajodia, S., Paraboschi, S., Samarati, P.. Modeling and assessing inference exposure in encrypted databases[J]. ACM Transactions on Information and System Security, 2005, 8(1): 119 - 152.

[25] Chaudhuri, S.. An overview of query optimization in relational systems[C]. New York: ACM, 1988: 34-43.

[26] Chiu, D., Ho, Y.. A methodology for interpreting tree queries into optimal semi-join expressions[C]. New York: ACM, 1980: 169-178.

[27] Ciriani, V., De Capitani di Vimercati, S., Foresti, S., Jajodia, S., Paraboschi, S., Samarati, P.. Fragmentation and encryption to enforce privacy in data storage[C]. Berlin: Springer, 2007: 171-186.

[28] Ciriani, V., De Capitani di Vimercati, S., Foresti, S., Jajodia, S., Paraboschi, S., Samarati, P.. Fragmentation design for efficient query execution over sensitive distributed databases[C]. Helsinki: IEEE, 2009: 32-39.

[29] Ciriani, V., De Capitani di Vimercati, S., Foresti, S., Jajodia, S., Paraboschi, S., Samarati, P.. Fragmentation and encryption to enforce privacy in data storage[J]. ACM Transactions on Information and System Security, 2010, 13(3): 1-33.

[30] Ciriani, V., De Capitani di Vimercati, S., Foresti, S., Samarati, P.. k-Anonymity. In: T. Yu, S. Jajodia (eds.) Secure Data Management in Decentralized Systems[M], Berlin: Springer-Verlag, 2007.

[31] Crampton, J., Martin, K., Wild, P.. On key assignment for hierarchical access control[C]. Helsinki: IEEE, 2006: 98-111.

[32] Damiani, E., De Capitani di Vimercati, S., Foresti, S., Jajodia, S., Paraboschi, S., Samarati, P.. Metadata management in outsourced encrypted databases[C]. Berlin: Springer, 2005: 16-32.

[33] Damiani, E., De Capitani di Vimercati, S., Foresti, S., Jajodia, S., Paraboschi, S., Samarati, P.. Selective data encryption in outsourced dynamic environments[C]. Amsterdam: Elsevier Science, 2006: 127-142.

[34] Damiani, E., De Capitani di Vimercati, S., Foresti, S., Jajodia, S., Paraboschi, S., Samarati, P.. An experimental evaluation of multi-key strategies for data outsourcing[C]. Berlin: Springer, 2007: 385-396.

[35] Damiani, E., De Capitani di Vimercati, S., Jajodia, S., Paraboschi, S., Samarati, P.. Balancing confidentiality and efficiency in untrusted relational DBMSs[C]. New York: ACM, 2003: 93-102.

[36] Damiani, E., di Vimercati, S.D.C., Finetti, M., Paraboschi, S., Samarati, P., Jajodia, S.. Implementation of a storage mechanism for untrusted DBMSs[C]. New York: ACM, 2003: 38.

[37] Damiani, E., di Vimercati, S.D.C., Foresti, S., Samarati, P., Viviani, M.. Measuring inference exposure in outsourced encrypted databases[C]. Boston: Springer, 2005: 185-195.

[38] Davida, G., Wells, D., Kam, J.. A database encryption system with subkeys[J]. ACM Transactions on Database Systems, 1981, 6(2): 312 - 328.

[39] The DBLP computer science bibliography[EB/OL]. http://dblp.uni-trier.de.

[40] De Capitani di Vimercati, S., Foresti, S., Jajodia, S., Paraboschi, S., Pelosi, G., Samarati, P.. Preserving confidentiality of security policies in data outsourcing[C]. New York: ACM, 2008: 75-84.

[41] De Capitani di Vimercati, S., Foresti, S., Jajodia, S., Paraboschi, S., Samarati, P.. Overencryption: Management of access control evolution on outsourced data[C]. New York: ACM, 2007: 123-134.

[42] De Capitani di Vimercati, S., Foresti, S., Jajodia, S., Paraboschi, S., Samarati, P.. Assessing query privileges via safe and efficient permission composition[C]. New York: ACM, 2008: 311-322.

[43] De Capitani di Vimercati, S., Foresti, S., Jajodia, S., Paraboschi, S., Samarati, P.. Controlled information sharing in collaborative distributed query processing[C]. Helsinki: IEEE, 2008: 303-310.

[44] De Capitani di Vimercati, S., Foresti, S., Jajodia, S., Paraboschi, S., Samarati, P.. Encryption policies for regulating access to outsourced data[J]. ACM Transactions on Database Systems, 2010, 35(2): 12.

[45] De Capitani di Vimercati, S., Foresti, S., Paraboschi, S., Samarati, P.. Privacy of outsourced data[M]. Boca Raton: Auerbach Publications, 2007.

[46] Deutsch, A., Ludäscher, B., Nash, A.. Rewriting queries using views with access patterns under integrity constraints[C]. Berlin: Springer, 2005: 352-367.

[47] Evdokimov, S., Fischmann, M., Gunther, O.. Provable security for outsourcing database operations[C]. Helsinki: IEEE, 2006: 117.

[48] Florescu, D., Levy, A., Manolescu, I., Suciu, D.. Query optimization in

the presence of limited access patterns[C]. New York: ACM, 1999: 311-322.

[49] Garcia-Molina, H., Ullman, J., Widom, J.. Database Systems: The Complete Book[M]. Upper Saddle River: Prentice Hall, 2001.

[50] Garey, M., Johnson, D.. Computers and Intractability; a Guide to the Theory of NP-Completeness[M]. New York: W.H. Freeman, 1979.

[51] Goh, E.. Secure Indexes[EB/OL]. http://eprint.iacr.org/2003/216/.

[52] Gottlob, G., Nash, A.. Data exchange: Computing cores in polynomial time[C]. New York: ACM, 2006: 40-49.

[53] Graham, R., Knuth, D., Patashnik, O.. Concrete Mathematics: A Foundation for Computer Science[M], 2/E. Upper Saddle River: Addison-Wesley Professional, 1994.

[54] Gudes, E.. The design of a cryptography based secure file system[J]. IEEE Transactions on Software Engineering, 1980, 6(5): 411 – 420.

[55] Hacigümüs, H., Iyer, B., Mehrotra, S.. Providing database as a service[C]. Helsinki: IEEE, 2002: 29-38.

[56] Hacigümüs, H., Iyer, B., Mehrotra, S.. Ensuring integrity of encrypted databases in database as a service model[C]. Boston: Springer, 2003: 61-74.

[57] Hacigümüs, H., Iyer, B., Mehrotra, S.. Efficient execution of aggregation queries over encrypted relational databases[C]. Berlin: Springer, 2004: 125-136.

[58] Hacigümüs, H., Iyer, B., Mehrotra, S., Li, C.. Executing SQL over encrypted data in the database-service-provider model[C]. New York: ACM, 2002: 216-227.

[59] Harn, L., Lin, H.. A cryptographic key generation scheme for multilevel data security[J]. Computers and Security, 1990, 9(6): 539 – 546.

[60] Hofmeister, T., Lefmann, H.. Approximating Maximum Independent Sets in Uniform Hypergraphs[C]. Berlin: Springer, 1998: 562-570.

[61] Hore, B., Mehrotra, S., Tsudik, G.. A privacy-preserving index for range queries[C]. New Yrok: ACM, 2004: 720-731.

[62] Hwang, M., Yang, W.. Controlling access in large partially ordered hierarchies using cryptographic keys[J]. The Journal of Systems and Software, 2003, 67(2): 99 – 107.

[63] Iyer, B., Mehrotra, S., Mykletun, E., Tsudik, G.,Wu, Y.. A framework for efficient storage security in RDBMS[C]. Berlin: Springer, 2004: 147-164.

[64] Kossmann, D.. The state of the art in distributed query processing[J]. ACM Computing Surveys, 2000, 32(4): 422–469.

[65] Krivelevich, M., Sudakov, B.. Approximate coloring of uniform hypergraphs[J]. Journal of Algorithms, 2003, 49(1): 2–12.

[66] Li, C.. Computing complete answers to queries in the presence of limited access patterns[J]. VLDB Journal, 2003, 12(3): 211–227.

[67] Liaw, H., Wang, S., Lei, C.. On the design of a single-key-lock mechanism based on Newton's interpolating polynomial[J]. IEEE Transaction on Software Engineering, 1989, 15(9): 1135–1137.

[68] Lohman, G., Daniels, D., Haas, L., Kistler, R., Selinger, P.. Optimization of nested queries in a distributed relational database[C]. San Francisco: Morgan Kaufmann, 1984: 403-415.

[69] MacKinnon, S., Taylor, P., Meijer, H., S.Akl: An optimal algorithm for assigning cryptographic keys to control access in a hierarchy[J]. IEEE Transactions on Computers, 1985, 34(9): 797–802.

[70] Miklau, G., Suciu, D.. Controlling access to published data using cryptography[C]. New York: ACM, 2003: 898-909.

[71] Motro, A.. An access authorization model for relational databases based on algebraic manipulation of view definitions[C]. Piscataway: IEEE, 1989: 339-347.

[72] Mykletun, E., Narasimha, M., Tsudik, G.. Signature bouquets: Immutability for aggregated/condensed signatures[C]. Berlin: Springer, 2004: 160-176.

[73] Mykletun, E., Narasimha, M., Tsudik, G.. Authentication and integrity in outsourced databases[J]. ACM Transactions on Storage, 2006, 2(2): 107–138.

[74] Narasimha, M., Tsudik, G.. DSAC: integrity for outsourced databases with signature aggregation and chaining[C]. New York: ACM, 2005: 235-236.

[75] Nash, A., Deutsch, A.. Privacy in GLAV information integration[C]. Berlin: Springer, 2007: 89-103.

[76] Özsu, M.T., Valduriez, P.. Principles of Distributed Database Systems[M], 2/E. Upper Saddle River: Prentice-Hall. 1999.

[77] Payment card industry (PCI) data security standard[EB/OL]. Https://www.pcisecuritystandards.org/pdfs/pci dss v1-1.pdf

[78] Personal data protection code[Z]. Legislative Decree no. 196, 2003.

[79] Ray, I., Ray, I., Narasimhamurthi, N.. A cryptographic solution to implement access control in a hierarchy and more[C]. New York: ACM, 2002: 65-73.

[80] Rizvi, S., Mendelzon, A., Sudarshan, S., Roy, P.. Extending query rewriting techniques for fine-grained access control[C]. New York: ACM, 2004: 551-562.

[81] Rosenthal, A., Sciore, E.. View security as the basis for data warehouse security[C]. Stockholm: DMDW, 2000.

[82] Rosenthal, A., Sciore, E.. Administering permissions for distributed data: factoring and automated inference[C]. New York: ACM, 2001: 91-104.

[83] Samarati, P.. Protecting respondents' identities in microdata release[J]. IEEE Transactions on Knowledge and Data Engineering, 2001, 13(6): 1010 – 1027.

[84] Samarati, P., De Capitani di Vimercati, S.. Access control: Policies, models, and mechanisms[C]. Berlin: Springer, 2001: 137-196.

[85] Sandhu, R.. On some cryptographic solutions for access control in a tree hierarchy[C]. New York: ACM, 1987: 405-410.

[86] Sandhu, R.. Cryptographic implementation of a tree hierarchy for access control[J]. Information Processing Letters, 1988, 27(2): 95 – 98.

[87] Santis, A.D., Ferrara, A., Masucci, B.. Cryptographic key assignment schemes for any access control policy[J]. Information Processing Letters, 2004, 92(4): 199 – 205.

[88] Schneier, B.. Applied Cryptography[M], 2/E. Hoboken: John Wiley & Sons, 1996.

[89] Schneier, B., Kelsey, J., Whiting, D., Wagner, D., Hall, C., Ferguson, N.. On the twofish key schedule[C]. Berlin: Springer, 1998: 27-42.

[90] Selinger, P., Astrahan, M., Chamberlin, D., Lorie, R., Price, T.. Access path selection in a relational database management system[C]. New York: ACM, 1979: 23-24.

[91] Shen, V., Chen, T.. A novel key management scheme based on discrete logarithms and polynomial interpolations[J]. Computer and Security, 2002, 21(2):

164-171.

[92] Sion, R.. Query execution assurance for outsourced databases[C]. New York: ACM, 2005: 601-612.

[93] Song, D., Wagner, D., Perrig, A.. Practical techniques for searches on encrypted data[C]. New York: ACM, 2000: 44.

[94] Sun, Y., Liu, K.. Scalable hierarchical access control in secure group communications[C]. Helsinki: IEEE, 2004: 1296-1306.

[95] Tsai, H., Chang, C.. A cryptographic implementation for dynamic access control in a user hierarchy[J]. Computer and Security, 1995: 14(2), 159-166.

[96] Wang, H., Lakshmanan, L.V.S.. Efficient secure query evaluation over encrypted XML databases[C]. New York: ACM, 2006: 127-138.

[97] Wang, Z., Dai, J., Wang, W., Shi, B.. Fast query over encrypted character data in database[J]. Communications in Information and Systems, 2004, 4(4): 289-300.

[98] Wang, Z.,Wang,W., Shi, B.. Storage and query over encrypted character and numerical data in database[C]. Washington,DC: IEEE, 2005: 77-81.

[99] Waters, B., Balfanz, D., Durfee, G., Smetters, D.. Building an encrypted and searchable audit log[C]. San Diego: NDSS, 2004.

[100] Wong, C., Gouda, M., Lam, S.. Secure group communications using key graphs[J]. IEEE/ACM Transactions on Networking, 2000, 8(1): 16-30.

[101] Yu, C., Chang, C.. Distributed query processing[J]. ACM Computing Surveys, 1984, 16(4): 399-433.

[102] Zych, A., Petkovic, M.. Key management method for cryptographically enforced access control[C]. Amsterdam: Elsevier Science, 2006: 410-417.